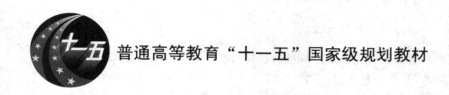

普通高等教育"十一五"国家级规划教材

ADO. NET 数据库访问技术案例式教程
（第 2 版）

柴 晟 王 云 王永红 主编

北京航空航天大学出版社

内容简介

本书采用案例式教学模式,突出强化学生实践能力和职业技能的培养,结合认证考试而编写;主要内容包括:ADO.NET 概述,数据连接之桥梁 Connection,命令执行者 Command 和数据读取器 DataReader,数据搬运工 DataAdapter 与临时数据仓库 DataSet,使用 DataGridView 操作数据,使用 ADO.NET 对象管理数据,使用三层结构实现简单 Windows 应用,三层进阶之企业级 Web 应用开发,使用 ADO.NET 读取和写入 XML 等。本书概念清楚、逻辑性强、层次分明、示例丰富,以基本概念为主线,以实例操作为主体,有较强的可操作性,特别适合教师教学。同时,通过大量的实例学习,读者可以由浅入深、循序渐进、系统地掌握数据库访问的基本操作技能,为进入项目开发奠定坚实基础。

本书适合于有一定编程基础的想要学习和扩展数据库开发技术的读者,也可作为高职高专院校相关专业、成人继续教育或认证培训教材,还可作为程序设计人员的参考书。

本书配有教学课件、程序源代码和习题答案供任课教师参考,请发邮件至 goodtextbook@126.com 或致电 010-82317037 申请索取。

图书在版编目(CIP)数据

ADO.NET 数据库访问技术案例式教程 / 柴晟,王云,
王永红主编. -- 2 版. -- 北京 : 北京航空航天大学出版
社,2013.3
　　ISBN 978 - 7 - 5124 - 1021 - 3

Ⅰ. ①A… Ⅱ. ①柴… ②王… ③王… Ⅲ. ①软件工
具—数据库系统—程序设计—高等教育—教材 Ⅳ.
①TP311.56

中国版本图书馆 CIP 数据核字(2012)第 277334 号

ADO.NET 数据库访问技术案例式教程
(第 2 版)
柴　晟　王　云　王永红　主编
责任编辑　刘亚军　董　瑞
*
北京航空航天大学出版社出版发行

北京市海淀区学院路 37 号(邮编 100191)　http://www.buaapress.com.cn
发行部电话:(010)82317024　传真:(010)82328026
读者信箱 : goodtextbook@126.com　邮购电话:(010)82316936
北京时代华都印刷有限公司印装　各地书店经销
*
开本:787×1092　1/16　印张:13.75　字数:352 千字
2013 年 3 月第 2 版　2021 年 7 月第 5 次印刷　印数:9 001~10 000 册
ISBN 978 - 7 - 5124 - 1021 - 3　定价:28.00 元

第 2 版前言

本书第 1 版于 2006 年 11 月出版，发行期间多次印刷，先后被评为教育部"十一五国家级规划教材"和"四川省精品教材"等，受到了许多院校的欢迎。时至 2012 年，读者朋友们一直以来的支持和反馈让本书的生命力得以延续，也让本书有幸获得更多的新读者。根据近几年的教学实践和读者反馈，本书在保持第 1 版内容简洁、清晰的基础上，重新进行了整理和修订，力求体现理论与情景示例相结合，符合应用型人才培养的教学要求。希望本书能够使更多的读者在学习 ADO. NET 的过程中得到启示。

本书共 9 章，主要内容包括：ADO. NET 概述，数据连接之桥梁 Connection，命令执行者 Command 和数据读取器 DataReader，数据搬运工 DataAdapter 与临时数据仓库 DataSet，使用 DataGridView 操作数据，使用 ADO. NET 对象管理数据，使用三层结构实现简单 Windows 应用，三层进阶之企业级 Web 应用开发，使用 ADO. NET 读取和写入 XML。每章附有本章要点和本章小结，帮助学生总结、巩固和强化所学知识，还配有实验，便于加强学生实际动手能力。每章的思考与练习中，提供了认证考试模拟习题，为学生备考提供有效帮助。

本书特点如下：

1. 内容全面、实用。本书不拘泥于枯燥的原理，而是从实用角度出发，提供丰富的示例和案例，强调实践和动手，突出"够用、实用"的特点。关于 ADO. NET 的 5 个主要对象及使用，本书通过示例来讲解，并进行 Step by Step 讲解。然后，通过一个综合示例具体讲解如何设计和完成数据的增、删、改、查等基本操作功能。本书还特别讲解和演示了一个三层网络应用结构，通过搭建一个企业级三层结构的项目，着重讲解了如何搭建带有工厂模式的三层结构。

2. 结构清晰合理。本书选题范围主要以微软公司的. NET 框架的数据访问组件 ADO. NET 为工具，所有示例基于 MS Visual Studio 2010 和 MS SQL Server 2008，对数据库访问技术中的问题进行了比较全面的描述和分析，是数据库开发和管理工作的实用指导。每章均按照概念、属性、操作的结构来介绍，有利于学生对照学习，提高学习效率。

3. 图文并茂，简明易懂。本书力求文字通俗，努力做到以简单的语言来解释难懂的概念。对每一步主要操作都做到附有图片，特别方便一边阅读一边操作。

4. 适合于教师教学。本书内容组织和结构合理，条理清晰，操作步骤鲜明，全书以案例驱动，并辅以现场操作的屏幕画面，既方便学生进行实验，又方便教师备课、讲解、指导实习。本书提供多媒体课件和每章的大量可重用范例代码。该多媒体课件严格按照微软认证课程体系要求，突出重点，完善规范。

5. 课时安排合理，篇幅适当。本书按照 60 学时的教学安排(含理论和上机，比例为 1:1),强调教学环节系统化、规范化,每章课程突出教学重点、难点并附有小结,还配有实验和思考与练习。

本书由柴晟、王云和王永红主编,参与编写工作的还有马国涛、王霖和罗传军等。

在本书的编写期间得到了成都航空职业技术学院、潍坊师范学院、江苏畜牧兽医职业技术学院、成都纺织高等专科学校、荆楚理工学院、绵阳职业技术学院、成都职业技术学院等单位的大力支持,在此表示感谢。

由于时间仓促,书中如有缺点与疏漏之处,恳请各相关院校教师和广大读者在使用本书的过程中予以关注,并及时将好的思路和建议反馈给我们,以便完善。

编　者
2012 年 10 月

目　　录

第 1 章　ADO. NET 概述

本章要点：
- ➢ ADO. NET 结构
- ➢ ADO. NET 的主要对象及其关系
- ➢ .NET 数据提供程序
- ➢ 连接的打开与关闭

1.1　ADO. NET 简介

数据访问技术是所有实际应用程序的核心部分，在设计应用程序时，需要确定如何表示并访问与该应用程序相关联的业务数据。

最初，各个数据库软件开发商为自己的数据库设计了不同的数据库管理系统（Database Management System，DBMS）。不同类型的数据库之间的数据交换是一件非常麻烦的事情。为解决这一问题，微软公司提出了开放的数据库连接（Open Database Connectivity，ODBC）技术，试图建立一种统一的应用程序访问数据库的接口，通过它，开发人员无需了解数据库内部的结构就可以实现对数据库的访问。

随着计算机技术的迅猛发展，ODBC 在面对新的数据驱动程序的设计和构造方法时，遇到了困难，对象链接与嵌入数据库（Object Link and Embedding Data Base，OLE DB）技术应运而生。从某种程度上来说，OLE DB 是 ODBC 发展的一个产物。它在设计上采用了多层模型，对数据的物理结构依赖更少。

当前，已是可编程 Web 时代。随着网络技术，尤其是 Internet 技术的发展，大量的分布式系统得到了广泛的应用。为适应新的开发需求，一种新的技术诞生了，即所谓的 ADO（ActiveX数据对象）。ADO 对 OLE DB 做了进一步的封装，从整体上来看，ADO 模型以数据库为中心，具有更多的层次模型，更丰富的编程接口。它大致相当于 OLE DB 的自动化版本，虽然在效率上稍有逊色，但它追求的是简单和友好。

微软公司推出的 ADO. NET 是 Microsoft. NET Framework 的核心组件。借助 ADO. NET，可以展示最新数据访问技术。这是一种高级的应用程序编程接口，可用于创建分布式的数据共享应用程序。

ADO. NET 是 ADO 的最新发展产物，更具有通用性。它的出现，开辟了数据访问技术的新纪元。访问基于 Web 的数据库是目前最新的数据访问技术，和传统的数据库访问技术相比，这是一件非常困难的事情，因为网络一般是断开的，Web 页基本上是无状态的。但是ADO. NET 技术具有革命性的力量，它的革命性在于成功实现了在断开的概念下实现客户端对服务器上数据库的访问，而且做到这一点，并不需要开发人员做大量的工作。传统的客户端/服务器的 Web 应用程序模型中，连接会在程序的整个生存期中一直保持打开，而不需要对状态进行特殊处理。

1.2   ADO. NET 结构

就像使用. NET 框架之前要学习框架的每个细节一样,在学习 ADO. NET 的时候要首先建立一个概念,对每个对象的特性以及对象之间的交互方式要有一个大致的了解。所以,让我们先看看 ADO. NET 的结构,见图 1-1。

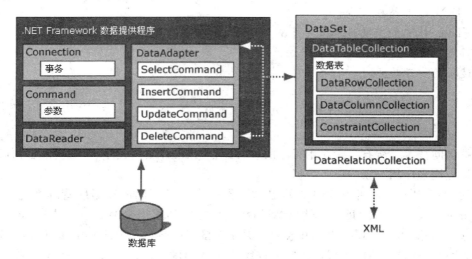

图 1-1

设计 ADO. NET 组件的目的是为了从数据操作中分解出数据访问。ADO. NET 的 Data-Set(数据集)和 . NET Framework 数据提供程序,这两个核心组件会完成此任务。其中,后者是一组包括 Connection、Command、DataReader 和 DataAdapter 对象在内的组件。数据提供程序负责与物理数据源的连接,数据集代表实际的数据。

ADO. NET DataSet 是 ADO. NET 的断开式结构的核心组件。DataSet 的设计目的很明确:为了实现独立于任何数据源的数据访问。因此,它可以用于多种不同的数据源,用于 XML 数据,或用于管理应用程序本地的数据。DataSet 包含一个或多个 DataTable 对象的集合,这些对象由数据行和数据列以及主键、外键、约束和有关 DataTable 对象中数据的关系信息组成。

ADO. NET 结构的另一个核心元素是. NET Framework 数据提供程序,其组件的设计目的相当明确:为了实现数据操作和对数据的快速、只进、只读访问。Connection 对象提供与数据源的连接;Command 对象使用户能够访问用于返回数据、修改数据、运行存储过程以及发送或检索参数信息的数据库命令;DataReader 从数据源中提供高性能的数据流;DataAdapter 提供连接 DataSet 对象和数据源的桥梁,它使用 Command 对象在数据源中执行 SQL 命令,以便将数据加载到 DataSet 中,并使对 DataSet 中数据的更改与数据源保持一致。

ADO. NET 提供了 4 种数据提供程序,分别为 SQL Server 数据提供程序(用于 Microsoft SQL Server 7.0 版或更高版本)、OLE DB 数据提供程序、ODBC 数据提供程序和 Oracle 数据提供程序。本书只讨论前两种数据提供程序。

1.3 Windows 窗体上 ADO. NET 数据绑定

数据绑定(Data Binding)就是把数据连接到窗体的过程,既可以用代码实现,也可以使用Visual Strdio 设计器。

下面通过设计器和向导来演示如何在 Windows 窗体使用 ADO. NET 来绑定数据。

由于 MS SQL Server 2008 版没有自带 Northwind 数据库,因此在开始本案例之前,首先要将案例中要用到的 Northwind 数据库附加到本地的 MS SQL Server 上面。

【例 1-1】 使用向导创建一个 ADO. NET 应用程序。

操作步骤如下:

1) 从 Visual Studio 2010 起始页新建一个 Visual C♯类型的 Windows 窗体应用程序"WindowsFormsApplication1",如图 1-2 所示。

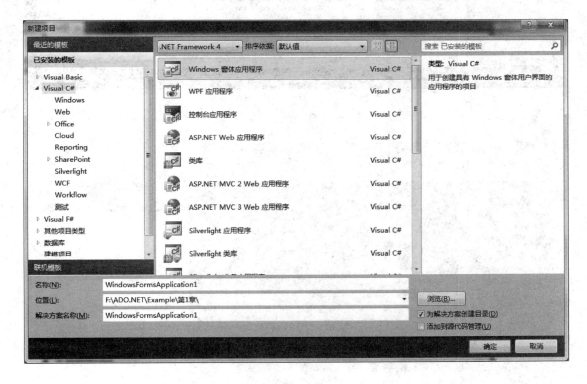

图 1-2

2) 从【工具箱】的【所有 Windows 窗体】选项卡上将一个 DataGridView 拖动到窗体Form1 上,即为 dataGridView1,如图 1-3 所示。

3) 单击 dataGridView1 右上角的小三角形,展开【选择数据源】的下拉列表,如图 1-4所示。

4) 单击【添加项目数据源】,弹出【数据源配置向导】的【选择数据源类型】界面,如图 1-5所示。

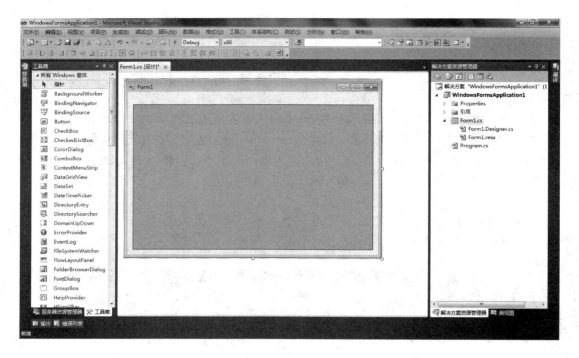

图 1-3

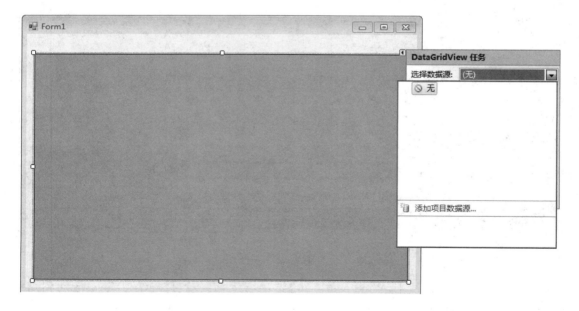

图 1-4

5) 选择【数据库】,单击【下一步】按钮,会出现【选择数据库模型】界面,如图 1-6 所示。

6) 选择【数据集】,单击【下一步】按钮,出现【选择您的数据连接】界面,如图 1-7 所示。

7) 单击【新建连接】按钮,弹出【选择数据源】对话框,如图 1-8 所示。

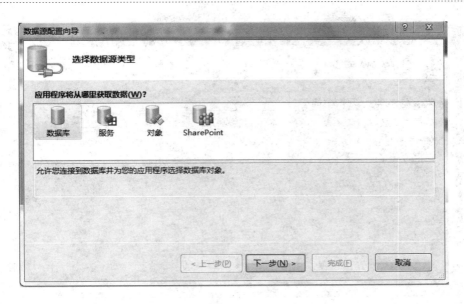

图 1-5

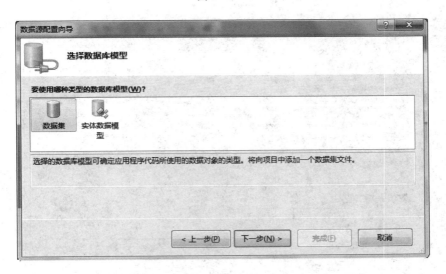

图 1-6

8）在数据源列表中选择【Microsoft SQL Server】，单击【继续】按钮，弹出【添加连接】对话框，在【服务器名】中输入". \sql2008"(. 是服务器名，在此代表本机，sql2008 是数据库服务名），并选择 Northwind 数据库，如图 1-9 所示。

9）设置完毕，单击【测试连接】按钮，将会出现【测试连接成功】的提醒，如图 1-10 所示，到此数据连接创建成功。

10）关闭提示信息，然后单击【确定】按钮，关闭【添加连接】对话框，返回【数据源配置向导】的【选择您的数据连接】界面，如图 1-11 所示。此时，数据连接已成功创建。

11）单击【下一步】按钮，提示是否"将连接字符串保存到应用程序配置文件中"，选中【是，将连接保存为】复选框，如图 1-12 所示。

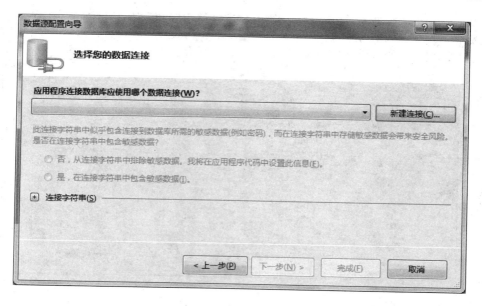

图 1-7

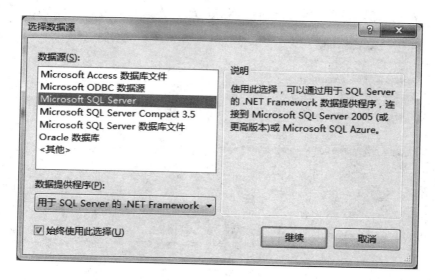

图 1-8

12) 单击【下一步】按钮,出现【选择数据库对象】界面,展开【表】,选中【Employees】表,如图 1-13 所示。

13) 单击【完成】按钮,数据源配置向导至此完成,返回设计界面。此时,DataGridView 中已经出现了表 Employees 中的所有字段,如图 1-14 所示。

14) 按 F5 键生成并运行程序,出现 Form1 窗口并显示出 Northwind 数据库 Employees 表中的数据,如图 1-15 所示。

15) 关闭窗口。到此,利用设计器和向导演示 ADO. NET 读取数据库数据完成。

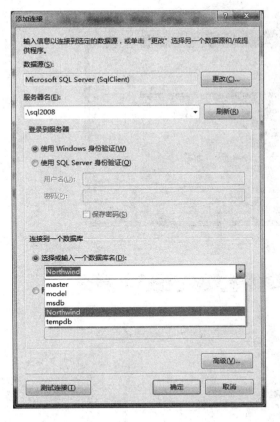

图 1-9

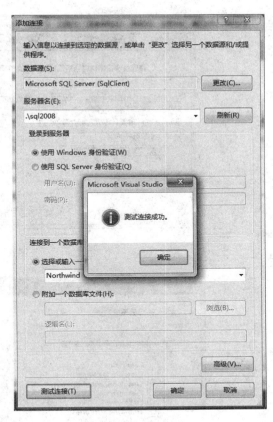

图 1-10

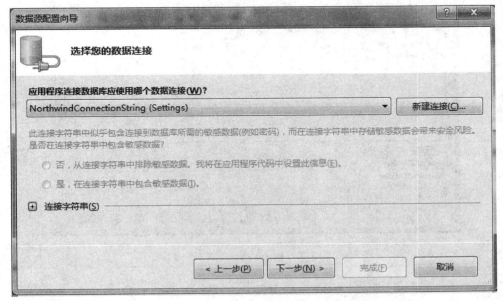

图 1-11

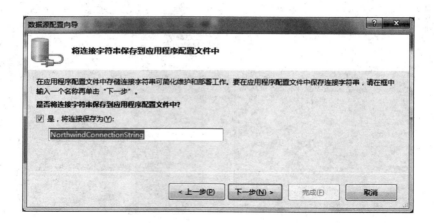

图 1 - 12

图 1 - 13

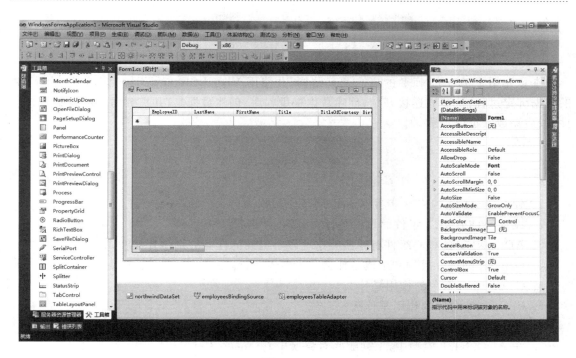

图 1 - 14

图 1 - 15

1.4 本章小结

本章介绍了 ADO.NET 的概念及其结构,并使用 Visual Studio 设计器演示了一个简单的数据绑定过程:从建立连接开始,创建数据提供程序,创建数据集,并把数据连接到窗体的控件,最后完成数据的加载。

思考与练习

1. 什么是 ADO.NET? 其主要的作用是什么?
2. 设计 ADO.NET 组件的目的是什么?
3. ADO.NET 的核心组件有哪些? 这些核心组件的任务分别是什么?
4. DataSet 的设计目的和组成是什么?
5. Connection 对象的作用是什么?
6. Command 对象的作用是什么?
7. 请描述如何在 Windows 窗体使用 ADO.NET 来绑定数据。
8. 在 ADO.NET 模型中,下列哪些对象属于 Connected 对象?

A. Connection   B. DataAdapter   C. DataReader   D. DataSet

第2章 数据连接之桥梁 Connection

本章要点：
- ➢ Connection 作用详解
- ➢ 连接字符串
- ➢ 使用 Connection
- ➢ 连接的打开与关闭

2.1 选择.NET数据提供程序

.NET 中提供了多种类型的数据源连接选择，由于不同的数据源需要不同的数据提供程序，因此当要连接到数据源时，需要根据实际情况选择数据提供程序以连接到数据源。

2.1.1 .NET 数据提供程序简介

.NET 数据提供程序用于连接到数据库、执行命令和查询结果。它为程序开发者处理不同类型的数据库系统提供了不同的程序类，它是 ADO.NET 架构中的核心组件，使得程序开发者和数据库系统间的操作变得更加简单方便，使程序开发者完全专注于程序其他方面的实现而不需要考虑数据库操作的具体实现细节。

微软公司在.NET Framework 类库中提供了表 2-1 中所列的.NET 数据提供程序。

表 2-1

数据提供程序	说　明
SQL Server.NET 数据提供程序	提供对 SQL Server 7.0 以上数据库进行访问
OLE DB.NET 数据提供程序	提供对早期 SQL Server(SQL Server 6.5 以下)及 SyBase，Oracle，DB2 和 Access 的访问
ODBC.NET 数据提供程序	提供具有 ODBC 数据源的数据访问
Oracle.NET 数据提供程序	提供对 Oracle 数据源的数据访问

SQL Server.NET 数据提供程序：此提供程序是专门针对 SQL Server 7.0 以上版本提供连接、执行命令和检索数据服务的。由于它是专门对 SQL Server 7.0 以上版本设计的，所以它是经过优化设计的，故能更加快捷、方便地访问 SQL Server 数据源。如果所访问的数据源是 SQL Server 7.0 以上的版本，就使用此数据提供程序，而不要使用 OLE DB.NET 或 ODBC.NET 数据提供程序，否则可能会影响查询的速度。

OLE DB.NET 数据提供程序：此提供程序通过本地的 OLE DB 数据驱动程序为数据库的操作提供服务，常见的数据驱动程序见表 2-2。

ODBC . NET 数据提供程序:本提供程序通过使用本地的 ODBC 驱动程序管理器启用数据访问。

表 2 - 2

驱动程序	提供程序
SQLOLEDB	用于 SQL Server 的 Microsoft OLE DB 提供服务
MSDAORA	用于 Oracle 的 Microsoft OLE DB 提供服务
Microsoft. Jet. OLEDB. 4. 0	用于 Microsoft Jet 的 OLE DB 提供服务

Oracle. NET 数据提供程序:此数据提供程序通过 Oracle 客户端的连接软件提供对 Oracle 数据源的访问操作。

2.1.2 .NET 数据提供程序类

在.NET 中,数据提供程序的表现是以类的形式给出的,不同的数据提供程序具有不同的类。程序开发者要根据实际情况选择不同的类。在使用数据提供程序之前还要引用相关的命名空间,不同的数据提供程序需要不同的命名空间与之对应。数据提供程序和命名空间的关系见表 2 - 3。

表 2 - 3

命名空间	数据提供程序
System. Data. SqlClient	SQL Server . NET 数据提供程序
System. Data. OleDb	OLE DB . NET 数据提供程序
System. Data. Odbc	ODBC . NET 数据提供程序
System. Data. OracleClient	Oracle. NET 数据提供程序

表 2 - 4 给出了. NET 数据提供程序的核心类。

表 2 - 4

类	说　明
Connection	建立与数据源的连接
Command	对数据源执行命令
DataReader	从数据源中读取只进且只读的数据流
DataAdapter	用数据源填充 DataSet 并解析更新

表 2 - 4 仅是以抽象的形式给出了. NET 数据提供程序的各种类,在实际使用的过程中,它们会因选择的数据提供程序的不同而有所不同。表 2 - 5 给出了两种常见的在程序开发中实际使用的类。

每一种数据提供程序里的类之间具有一定的关系,它们必须满足这种关系才能被正确地使用。图 2 - 1 描述了这些类之间的相互关系。

表 2 - 5

数据提供程序	命名空间	类	说　明
SQL Server . NET	System. Data. SqlClient	SqlConnection	建立与 SQL Server 数据源的连接
		SqlCommand	对 SQL Server 数据源执行命令
		SqlDataReader	从 SQL Server 数据源中读取只进且只读的数据流
		SqlDataAdapter	用 SQL Server 数据源填充 DataSet 并解析更新
OLE DB . NET	System. Data. OleDb	OledbConnection	建立与 OLE DB 数据源的连接
		OledbCommand	对 OLE DB 数据源执行命令
		OledbDataReader	从 OLE DB 数据源中读取且只读的数据流
		OledblDataAdapter	用 OLE DB 数据源填充 DataSet 并解析更新

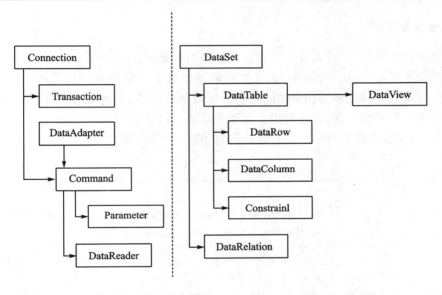

图 2 - 1

2.1.3　选择. NET 数据提供程序

前面介绍了 4 种. NET 数据提供程序,分别是 SQL Server . NET 数据提供程序、OLE DB. NET 数据提供程序、ODBC. NET 数据提供程序和 Oracle. NET 数据提供程序。那么各种数据库系统到底用什么样的. NET 数据提供程序来与之连接呢?在此给出选择. NET 数据提供程序的一般原则,见表 2 - 6。

表 2 - 6

数据源	数据提供程序
Microsoft Access 数据库	OLE DB. NET 数据提供程序
SQL Server 6.5 或更低版本	OLE DB. NET 数据提供程序
SQL Server 7.0 或 SQL Server 2000	SQL Server. NET 数据提供程序
Oracle Server	Oracle. NET 数据提供程序

表 2-6 所列出的只是一般性原则,不是绝对的,可根据实际情况选择其他的数据提供程序。

2.2　连接的创建

当选择好一个. NET 数据提供程序后,需要利用数据提供程序所提供的类的功能来实现数据源的连接。

对于数据源的连接最关键的有两点:一是正确选择所需要的数据提供程序;二是正确地设置连接字符串。只要把这两点做好了,对数据库的连接就显得非常简单了。

接下来将介绍如何实现数据源的连接。我们分别用代码和用户界面(【服务器资源管理器】)的方式向读者介绍如何连接数据源。

2.2.1　连接字符串

要实现数据源的连接,首先要引出连接字符串的概念。

连接字符串(Connection String)是在连接数据源时所提供的必要的连接信息,其中包括连接的服务器对象、账号、密码和所访问的数据库对象等信息,是进行数据连接必不可少的信息。对于连接字符串的设置,可以利用工具和手动的方式建立。

一般来说,一个连接字符串中所包含的信息如表 2-7 所列。

表 2-7

信　　息	说　　明
Provider	用于提供连接驱动程序的名称,仅用于 OleDbConnection 对象,常见的有 SQL OLE DB,MSDAORA,Microsoft. Jet. OLEDB. 4.0
Data Source	指明所需访问的数据源,如是访问 SQL Server,则是指服务器名称;如是访问 Access,则指数据文件名
Initial Catalog	指明所需访问数据库的名称
Password 或 PWD	指明访问对象所需的密码
User ID 或 UID	指明访问对象所需的用户名
Connection TimeOut	指明访问对象所持续的时间,以秒计算,如果在持续的时间内仍连接不到所访问的对象,则返回失败信息,默认值为 15
Integrated Security 或 Trusted Connection	集成连接(信任连接),可选 True 或 False,如果为真表示集成 Windows 验证,此时不需要提供用户名和密码即可登录

下面学习常见的数据连接字符串的格式。

【例 2-1】　在路径 D:\db\下有 Access 格式的数据库 temp. mdb,请写出连接此数据源的连接字符串。

连接字符串为

```
"Provider = Microsoft.Jet.OLEDB.4.0;Data Source = D:\db\temp.mdb"
```

说明：

Provider＝Microsoft. Jet. OLEDB. 4. 0：指明本数据源的驱动程序是 Microsoft. Jet. OLEDB. 4. 0,此驱动程序必须存在于本地计算机中。

Data Source＝D:/db/temp. mdb：指明本数据的数据源,Access 数据库是一文件名。

【例 2 - 2】　有 SQL Server 2008 数据源,服务器名为 server1,数据库名为 Northwind,采用集成身份验证,请写出连接此数据源的连接字符串。

连接字符串为

`"Initial Catalog = Northwind;Data Source = server1;integrated Security = True;"`

说明：

Initial Catalog＝Northwind：指明要连接的数据库名称为 Northwind。

Data Source＝server1：指明连接到的数据库服务器的名称为 server1。

integrated Security＝True：指明所登录到数据库的方式是以集成用户的方式登录。

【例 2 - 3】　有一个 SQL Server 2008 数据源,服务器名为 server1,数据库名为 Northwind,用户名为 sa,密码为 sa,请写出连接字符串格式。

字符串格式为

`"Initial Catalog = Northwind;Data Source = server1;UID = sa;PWD = sa;"`

说明：

Initial Catalog＝Northwind：指明所要连接的数据库名为 Northwind。

Data Source＝server1：指明想连接的数据库服务器是 server1。

UID＝sa：指明登录到 SQL Server 数据库服务器的用户名是 sa。

PWD＝sa：指明登录到 SQL Server 数据库服务器的密码是 sa。

例 2 - 2 和例 2 - 3 分别用了两种登录方式来连接 SQL Server 数据库:一种是集成方式登录;另一种是 SQL Server 方式登录(默认)。其区别在于,前者是一种信任登录,即 SQL Server 数据库服务器信任 Windows 系统,如果 Windows 系统通过了身份验证,SQL Server 不再验证,因为此种验证方式认为 Windows 验证是可信的,所以在登录 SQL Server 时不再需要提供用户名和密码;而后者则不同,它不管 Windows 是否通过了身份验证,都需要提供 SQL Server 的用户名和密码。

在实际的程序开发过程中,开发者到底选用什么方式登录要根据具体情况来决定,但一般说来,选择 SQL Server 登录方式要比集成登录方式多一些,因为这种登录方式更加自由,但有时使用集成登录方式却更加方便。

【例 2 - 4】　有一个 Oracle 9i 数据源,数据库服务器名为 tuop,用户名为 system,密码为 manager,请写出连接字符串格式。

字符串格式为

`"user id = system;data source = tuop;password = manager;"`

说明：

user id＝system：指明访问此数据源的用户名为 system。

data source＝tuop：指明所要访问的数据源为 tuop,注意此处的 tuop 不是服务器名,而是

Oracle 的实例名。

password＝manager：指明访问此数据源的密码是 manager。

注意：以上连接字符串中各项需要用分号隔开,每个项的位置没有关系,可以是任意的,即下面两种字符串格式是完全等价的:

"Initial Catalog = Northwind;Data Source = server1;UID = sa;PWD = sa;"

"Initial Catalog = Northwind;UID = sa;PWD = sa; Data Source = server1;"

当连接字符串设计好后,便可以根据连接字符串来创建连接对象。

2.2.2 设计时连接

Microsoft Visual Studio 2010 是一款非常优秀的可视化程序开发工具,可以利用它方便、快捷地建立数据源的连接。在用工具创建连接的过程中,其实就是在利用工具完成连接字符串的赋值工作。

下面以常见数据库为例介绍如何运用【服务器资源管理器】实现数据源的连接。

【例 2－5】 在 SQL Server 2008 中有数据库 NorthWind,利用 Windows 集成验证方式登录,请创建此连接。

操作步骤如下:

1) 打开【服务器资源管理器】。在开发环境中选择【视图】→【服务器资源管理器】菜单命令(如图 2－2 所示),即可打开【服务器资源管理器】,如图 2－3 所示。

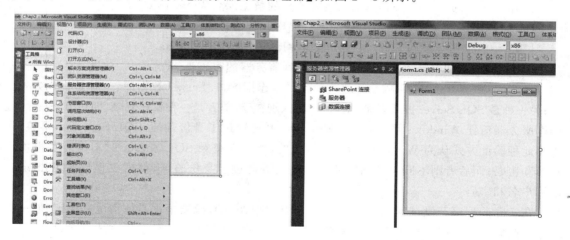

图 2－2　　　　　　　　　　　　　　　　图 2－3

2) 创建连接。选择【数据连接】,单击右键,选择【添加连接】,如图 2－4 所示。

3) 设置连接属性。在【添加连接】对话框中输入或选择服务器名称,如 .\sql2008(. 是服务器名,在此代表本机,sql2008 是数据库服务名),然后选中所需要的安全验证方式,最后输入或选择数据库名,如 Northwind,如图 2－5 所示。

4) 测试。单击测试连接,如果出现【测试连接成功】对话框,如图 2－6 所示,则表明所建立的连接是成功的;否则,请检查以上几项(如服务器名等)是否输入正确再测试。

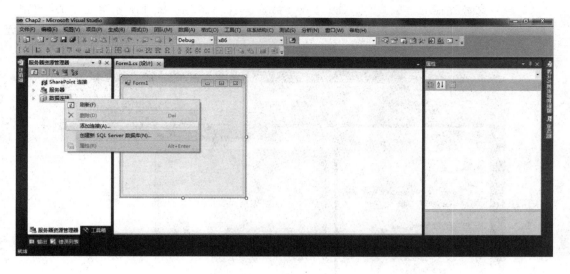

图 2 - 4

图 2 - 5　　　　　　　　　　　　　　图 2 - 6

5) 查看文件存在的对象。然后回到【服务器资源管理器】中,展开刚才所建立的【数据连接】,会发现已能从数据库中读出各种对象了。这样,就建立了一个到 Northwind 数据库的连接对象,如图 2-7 所示。

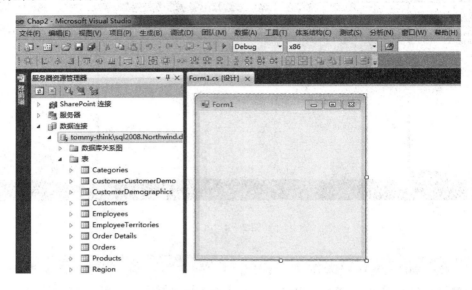

图 2-7

【例 2-6】 :在 C:\下有一个 Access 数据文件 authors.mdb,请利用工具的方式建立访问 Access 数据库的连接对象。

操作步骤如下:

1) 在【服务器资源管理器】中选择【数据连接】→【添加连接】,如图 2-8 所示。

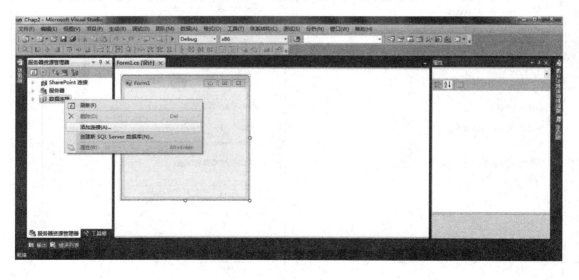

图 2-8

2) 在【添加连接】对话框中,单击【更改】按钮,如图 2-9 所示。

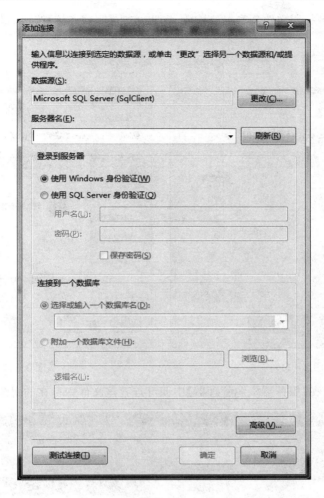

图 2 - 9

3）在【更改数据源】对话框中，选择 Microsoft Access 数据库文件，如图 2 - 10 所示。单击【确定】按钮，返回到【添加连接】对话框。

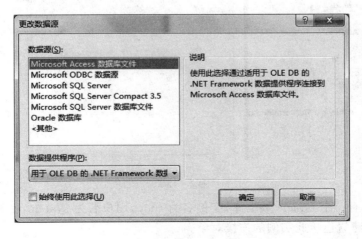

图 2 - 10

19

4）选择或输入数据库文件名 D:\authors. accdb，单击【测试连接】按钮，如图 2-11 和图 2-12 所示。

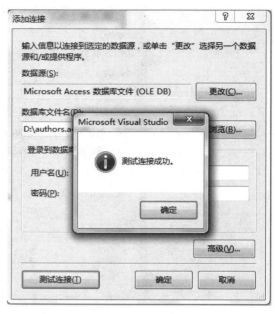

图 2-11　　　　　　　　　　　　　　　　图 2-12

5）通过测试后，在【服务器资源管理器】中便可查看该文件中存在的对象，如图 2-13 所示。

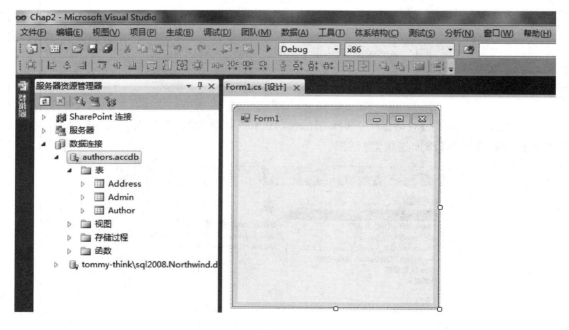

图 2-13

【例 2-7】　有一个 Oracle 数据库，实例名为 tuop，用户名为 system，密码为 manager，请利用工具的方式建立连接此实例的连接对象。

操作步骤如下：

1）在【服务器资源管理器】中选择【数据连接】→【添加连接】，如图 2 - 14 所示。

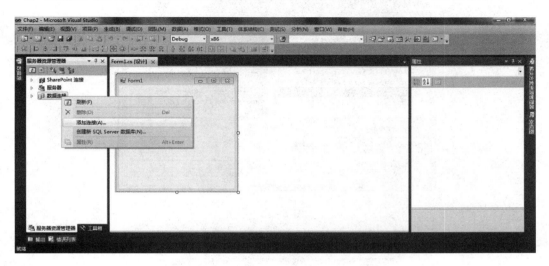

图 2 - 14

2）在【添加连接】对话框中，单击【更改】按钮，如图 2 - 15 所示。

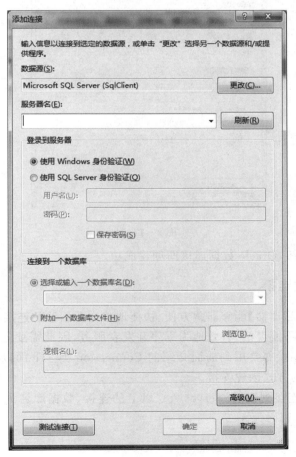

图 2 - 15

3)在【更改数据源】对话框中选择 Oracle 数据库,如图 2-16 所示。

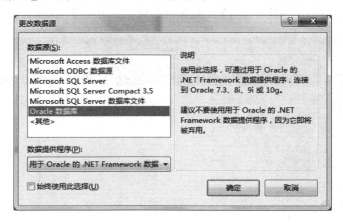

图 2-16

4)输入连接信息,如图 2-17 所示。

图 2-17

5)单击【确定】按钮,Oracle 数据连接即创建成功。

2.2.3 运行时创建连接

虽然【服务器资源管理器】能够非常方便、快捷地建立数据源的连接,但在需要动态添加或删除数据源连接时,却不能灵活、有效地为程序开发者服务,因此需要通过代码的方式创建数据源的连接。要建立连接需要用到前面介绍的 Connection 类。下面以几种常见的数据库为例来介绍如何用代码的方式创建连接。

【例 2-8】 创建连接到 SQL Server 7.0 以上的连接,数据库名为 Northwind,服务器名为 zhuos,用户名为 sa,密码为 sa。

代码如下:

```
SqlConnection conn;
conn = new SqlConnection();
conn.ConnectionString = "Initial Catalog = Northwind;" + "Data Source = zhuos;UID = sa;PWD = sa";
```

或者用下面的语句来实现：

```
SqlConnection conn = new SqlConnection();
conn.ConnectionString = "Initial Catalog = Northwind;" + "Data Source = zhuos;UID = sa;PWD = sa";
```

也可以用下面的语句来实现：

```
SqlConnection conn;
conn = new SqlConnection("Initial Catalog = Northwind;" + "Data Source = zhuos;UID = sa;PWD
 = sa;");
```

通过以上语句,建立了 conn 对象。在后面的程序设计过程中便可直接引用 conn 对象。
需要注意的是:在使用 SqlConnection 类前要注意引用 System. Data. SqlClient 命名空间。
命令如下:

```
using System. Data. SqlClient;
```

或者通过以下语句实现：

```
System. Data. SqlClient. SqlConnection conn;
Conn = new System. Data. SqlClient. SqlConnection();
conn.ConnectionString = "Initial Catalog = Northwind;" + "Data Source = zhuos;UID = sa;PWD = sa";
```

【例 2 - 9】　创建连接到 Access 数据库的连接,数据文件在 D:\authors. mdb。

```
OleDbConnection conn;
conn = new OleDbConnection();
conn.ConnectionString = "Provider = Microsoft. Jet. OLEDB. 4.0;" + "Data Source = d:/authors. mdb";
```

【例 2 - 10】　创建连接到 Orace 数据库的连接,数据库实例名为 tuop,用户名为 system,
密码为 manager。

```
OracleConnection conn;
conn = new OracleConnection();
conn.ConnectionString = "user id = system;data source = tuop;password = manager;";
```

需要注意:在默认情况下,System. data. OracleClient 命名空间并没有安装,可以通过以下
方式引用。
1) 设置项目目标框架为. Net Framework 4。在【解决方案资源管理器】的项目名称
【Chap2】中单击右键,单击【属性】,如图 2 - 18 所示。
2) 在【应用程序】窗口中,选择【目标框架】为. Net Framework 4,如图 2 - 19 所示。
3) 选择【引用】,在弹出的快捷菜单中选择【添加引用】,如图 2 - 20 所示。
4) 在【添加引用】对话框中选中所需的组件,再单击【确定】按钮即可,如图 2 - 21 所示。
这样便引用了 Oracle 的组件,并能看到所引用的组件,如图 2 - 22 所示。

图 2 - 18

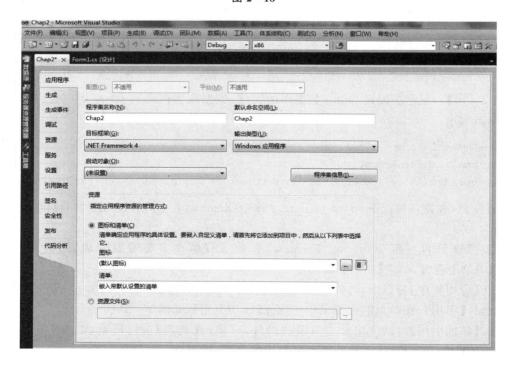

图 2 - 19

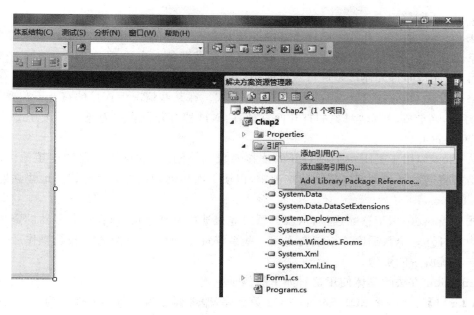

图 2 - 20

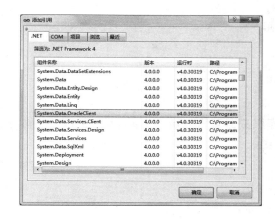

图 2 - 21

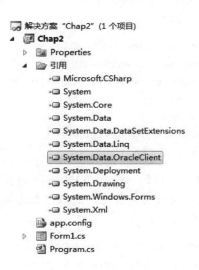

图 2 - 22

2.3 管理连接的方法和事件

当创建好一个连接对象后,就可以使用已创建好的这个对象,进行如打开、关闭等操作,同时可以针对对象的状态变化而改变对象的操作。本节将介绍连接对象中常用的方法和事件。

2.3.1 Connection 方法

连接类 Connection 主要有以下 3 个方法。

（1）Open()

方法 Open()用于打开一个已建立好的连接对象。连接的打开是指根据连接字符串的设置与对象建立可信任的通信,以便为后来的数据操作做准备。注意,所有的操作都是在连接打开以后再进行的,即打开连接是进行数据库操作的第一步。

如果用方法 Open()打开,则称为显式打开方式。在某些情况下连接的打开不需要用方法 Open()打开,而会随着其他对象的打开而自动打开,这种打开方式称为隐式打开方式。

（2）Close()

方法 Close()用于关闭一个已打开的连接对象,将连接释放到服务器的连接池中。连接的关闭是指将连接释放到服务器的连接池中,以便下次启动相似的连接能快速地建立连接。

（3）Dispose()

方法 Dispose()用于移除连接,从服务器的连接池中删除连接,以保存服务器的资源。

因为每打开一个数据库连接就会占用一些系统资源,所以每次处理完数据操作后,一定要及时释放系统所占的资源。

Connection 方法的具体使用请看如下的例子。

【例 2-11】 有一个 SQL Server 2008 数据库,服务器名为 zhuos,实例名为 sql2008,现要打开此服务器上的 Northwind 数据库,用户名和密码都是 sa,请写出完成此操作的代码。

代码如下:

```
System. Data. SqlClient. SqlConnection conn;
conn = new System. Data. SqlClient. SqlConnection();
conn. ConnectionString = "Initial Catalog = Northwind;" + "Data Source = zhuos\\sql2008;UID = sa;
PWD = sa";
conn. Open();
//此处放置数据处理的代码
conn. Close();
```

【例 2-12】 有一个 Oracle 9i 数据源,数据库服务器名为 tuop,用户名为 system,密码为 manager,请写出实现打开此数据源连接的代码。

代码如下:

```
System. Data. OracleClient. OracleConnection conn;
conn = new System. Data. OracleClient. OracleConnection();
conn. ConnectionString = "user id = system;data source = tuop;password = manager;";
conn. Open();
//此处放置处理 Oracle 数据的代码
conn. Close();
```

【例 2-13】 有一个 Access 数据源,数据文件为 D:\authors. mdb,请写出实现打开此数据源连接的代码。

代码如下:

```
OleDbConnection conn;
conn = new OleDbConnection();
conn. ConnectionString = "Provider = Microsoft. Jet. OLEDB. 4.0;" + "Data Source = d:/authors.mdb";
```

```
conn.Open();
//此处放置处理 Access 数据库的代码
conn.Close();
```

【例 2 - 14】　有一个 SQL Server 2008 数据库,服务器名为 zhuos,实例名为 sql2008,现要打开此服务器上的 Northwind 数据库,用户名和密码都是 sa,请用工具的方式建立连接对象并打开和关闭连接。

这个例子可以分为两步来完成:

1) 建立连接对象,具体操作请参照【例 2 - 1】,假设所建立连接的对象名称为 sqlConnection1。

2) 连接对象的打开和关闭。

打开连接对象直接用代码:

```
this.sqlConnection1.Open();
```

关闭连接对象直接用代码:

```
this.sqlConnection1.Close();
```

【例 2 - 15】　有一个 Oracle 9i 数据源,数据库服务器名为 tuop,用户名为 system,密码为 manager,请用工具的方式建立连接对象并打开和关闭连接。

这个例子也可以分为两步:

1) 建立连接对象,具本操作步骤参照【例 2 - 7】。

2) 连接对象的打开与关闭。

打开连接对象使用代码:

```
this.OracleConnection1.Open();
```

关闭连接对象使用代码:

```
this.OracleConnection1.Close();
```

2.3.2　处理 Connection 事件

在 Connection 类中主要有两个事件:一个是当连接状态发生改变时触发的 StateChange 事件;另一个是当连接对象返回一个警告或信息性消息时触发的 InfoMessage 事件。连接状态改变示例如图 2 - 23 所示。

StateChange 事件主要用于获取连接状态发生改变时连接对象的状态信息。

【例 2 - 16】　通过连接对象的 StateChange 事件获得它的状态信息。

操作步骤如下:

1) 建立一个新的 Visual C♯ 类型的 Windows 应用程序。

2) 在窗体上设置如图 2 - 23 所示的控件。

图 2 - 23

3）按表 2-8 设置各控件属性。

表 2-8

控件类型	属性名	属性值
Button	text	打开(&O)
	name	BtnOpenConn
Button	text	关闭(&C)
	name	BtnCloseConn
Label	name	Label1
	text	连接对象当前的状态是：
Label	name	Label2
	text	连接对象原始的状态是：

4）添加如下代码实现功能：

```
static string strConn = " Data Source = .\\sql2008;Initial Catalog = Northwind;Integrated Security = True";
SqlConnection con = new SqlConnection(strConn);
private void Form1_Load(object sender, System.EventArgs e)
{
        this.CenterToScreen();
        this.Text = "连接状态改变示例";
        this.con.StateChange += new System.Data.StateChangeEventHandler(this.conn_StateChange);
}
private void conn_StateChange(object sneder,
System.Data.StateChangeEventArgs e)
{
        label1.Text = "连接对象当前的状态是：" + e.CurrentState.ToString();
        label2.Text = "连接对象原始的状态是：" + e.OriginalState.ToString();
}
private void btnCloseConn_Click(object sender, System.EventArgs e)
{
        this.con.Close();
        this.btnCloseConn.Enabled = false;
        this.btnOpenConn.Enabled = true;
}
private void btnOpenConn_Click(object sender, System.EventArgs e)
{
        this.con.Open();
        this.btnCloseConn.Enabled = true;
        this.btnOpenConn.Enabled = false;
}
```

注意：

1）当连接对象的状态发生改变（如由打开变为关闭或由关闭变为打开）时才会触发 StateChange 事件。

2）连接对象的当前状态由 e.CurrentState 属性获得，连接的原始状态由 e.OriginalState 属性获得。

2.4　处理异常

异常（Exception）是指在程序运行过程当中所遇到的不可预期的错误。异常是绝对的，不管程序编制得如何好，都可能会因为在不同的环境等因素导致程序出现异常。所以，一个好的程序应该有好的异常处理措施，以确保用户在遇到异常时能知道如何去处理或寻求帮助。

2.4.1　结构化异常处理

在 ADO.NET 中，程序设计的一般性异常可以通过异常类 Exception 来处理，同时 ADO. NET 为 SQL Server 提供了专用的结构化异常处理类 SqlException，以及用于收集与 SQL Server 返回的警告或错误有关的信息的 SqlError 类。需要注意的是，程序在运行的过程当中可能同时产生多种异常，此时对异常的处理应遵循先处理特殊异常，再处理一般异常的原则。

在 C♯ 中处理程序运行的异常可以通过 try…catch…finally 语句来实现。其语法如下：

```
try
{
    //可能会出现异常的代码
}
catch(exception-declaration-1)
{
    //出现异常后进行的处理代码 1
}
catch(exception-declaration-2)
{
    //出现异常后进行的处理代码 2
}
……
finally
{
    //不管是否出现异常都需要执行的代码
}
```

2.4.2　处理异常和消息事件

以下例子用于捕获打开数据库连接时可能出现的异常，这是一种非常常见的异常处理代码，请读者注意。

【例 2-17】　请写出打开数据源连接的异常处理代码。

1）按图 2-24 建立程序界面。

图 2-24

2）添加异常处理代码：

```
private void button1_Click(object sender, System.EventArgs e)
{
System. Data. SqlClient. SqlConnection conn;
    conn = new System. Data. SqlClient. SqlConnection();
    conn. ConnectionString = "Initial Catalog = Northwind;" + "Data Source = zhuos;UID = sa;PWD = sa";
    try     //可能会发生异常的代码
    {
        conn. Open();
    }
    catch (System. Data. SqlClient. SqlException SqlE) //此处捕获的是特殊异常
    {
        //以下代码用于当产生 SQL 异常时需处理的语句
        MessageBox. Show(SqlE. ToString(),"SqlError",
            MessageBoxButtons. OK,MessageBoxIcon. Information );
    }
    catch (System. Exception NormalE) //此处捕获的是一般性异常
    {
        //以下代码用于当产生一般性异常时需处理的语句
        MessageBox. Show(NormalE. ToString() ,"NormalError",
            MessageBoxButtons. OK,MessageBoxIcon. Information );
    }
finally     //此处是不管是否发生异常都需要处理的代码
{
        //不管是否发生异常都要关闭数据库的连接
        conn. Close();
}
}
```

在以上代码中,捕获了 conn. Open()语句可能产生的异常,并设立了两级错误处理代码：第一级收集的是数据库可能产生的异常;第二级收集的是一般性异常。不论是否会产生异常都需要关闭连接对象以释放资源。

在数据的错误处理过程中经常用到 InfoMessage 事件,当数据库服务器需要传递隐含的重要信息给用户时,将触发此事件。在此事件中,可以通过如 SqlError 对象的相关属性返回产生此次错误的错误级别或错误信息。

在 InfoMessage 事件中,经常用到如下语句以提示此出错的错语信息和错误级别：

```
foreach (System. Data. SqlClient. SqlError se in e. Errors)
{
    MessaeBox. Show(se. Message,"错误级别" + se. Class,
        MessageBoxButtons. OK,
        MessageBoxIcon. Information);
}
```

2.5　连接池

在此之前所介绍的连接都是在单一情况下的打开或关闭。但是,如果出现很多连接,特别是在 Web 环境中,对服务器的资源耗费是非常大的,有什么办法能解决这样的问题,使一个相似的连接打开后,能再被其他用户所使用呢？连接池便可完成此功能。

2.5.1　连接池简介

连接池(Connection Pool)是指保持连接活动的进程。它将同一连接字符串建立的连接放入到连接池中,可以在不重新建立连接的情况下再次使用此连接,从而大大减少因重建连接所需要的各种资源。

对于 Web 程序而言,一般有大量的用户需要连接到数据源上,而这些用户所使用的连接字符串基本或完全相同。对于此种情况而言,连接池的使用十分重要,将能极大地减少资源的使用。

在系统中是否使用连接池,要看是否将连接字符串中的 Pooling 参数设置为 True(默认为此值),如是此值,将会使用连接池;否则,不会使用连接池。

当关闭连接时,连接会返回到连接池中,以备下次再用。当移除连接(即删除此连接)后,此类连接不能返回到连接池中,也不能再被使用。

请看下面 3 个连接。

连接 1:

```
SqlConnection conn = new SqlConnection();
conn.ConnectionString = "integrated security = True;" + "initial catalog = Northwind;" +
    "data source = myServer;" + " Connection Timeout = 40;";
```

连接 2:

```
SqlConnection conn = new SqlConnection();
conn.ConnectionString = "integrated security = True;" + "initial catalog = Northwind;" +
    "data source = myServer;" + " Connection Timeout = 40;";
```

连接 3:

```
SqlConnection conn = new SqlConnection();
conn.ConnectionString = "integrated security = True;" + "initial catalog = Pubs;" +
    "data source = myServer;" + "Connection Timeout = 40;";
```

其中,第一个连接和第二个连接是完全相同的,所以放入同一个连接池中,第三个连接因使用了不同的数据库,所以单独使用一个连接池。

2.5.2　控制连接池

通过连接字符串的设置可以控制连接池的相关参数,参数见表 2-9。

表 2 - 9

参　　数	默认值	说　明
Connection Lifetime	0	表明连接的生存期,以秒为单位
Enlist	True	当为 True 时,如果存在事务上下文,池管理程序将自动在创建线程的当前事务上下文中登记连接
Max Pool Size	100	池中允许的最大连接数量
Min Pool Size	0	池中允许的最小连接数量
Pooling	True	为 True 表示使用连接池

请看下面的例子。

（1）禁用连接池

```
SqlConnection conn = new SqlConnection();
conn.ConnectionString = "integrated security = True;" + "initial catalog = Northwind;" +
    "data source = myServer;" + " pooling = False;";
```

（2）指定连接池大小

```
SqlConnection conn = new SqlConnection();
conn.ConnectionString = "integrated security = True;" + "initial catalog = Northwind;" +
    "data source = myServer;" + " Min Pool Size = 5;";
```

（3）指定连接生存期

```
SqlConnection conn = new SqlConnection();
conn.ConnectionString = "integrated security = True;" + "initial catalog = Northwind;" +
    "data source = myServer;" + " Connection Lifetime = 200;";
```

2.6　本章小结

本章介绍了 . NET 数据提供程序的概念,如何在设计和运行时创建连接,连接的方法和事件,还介绍了异常处理等方面的知识。

思考与练习

1. 目前,Microsoft . NET Framework 的发行包中包含以下哪些 . NET 数据提供程序?

A．SQL Server . NET 数据提供程序　　　　　B．OLE DB . NET 数据提供程序

C．ODBC . NET 数据提供程序　　　　　D．XML . NET 数据提供程序

2. 为访问 Microsoft Access 数据库中的数据,可以使用以下哪种 . NET 数据提供程序连接到数据库?

A．SQL Server . NET 数据提供程序　　　　　B．OLE DB . NET 数据提供程序

C．ODBC . NET 数据提供程序　　　　　D．XML . NET 数据提供程序

3. 为了在程序中使用 ODBC . NET 数据提供程序,应在源程序工程中添加对程序集

_____的引用。

A. System. Data. dll　　　　　　　　B. System. Data. SQL. dll

C. System. Data. OleDb. dll　　　　　D. System. Data. Odbc. dll

4. 参考下列 C# 语句：

```
SqlConnection Conn1 = new SqlConnection( );
Conn1.ConnectionString = "Integrated Security = SSPI; Initial Catalog = northwind";
Conn1.Open( );
SqlConnection Conn2 = new SqlConnection( );
Conn2.ConnectionString = "Initial Catalog = northwind; Integrated Security = SSPI";
Conn2.Open( );
```

请问：上述语句将创建_____个连接池来管理这些 SqlConnection 对象？

A. 1　　　　　B. 2　　　　　C. 0

5. 变量名为 conn 的 SqlConnection 对象连接到本地 SQL Server 2008 的 Northwind 实例。该实例中包含表 Orders。为了从 Orders 表查询所有 CustomerID 等于"tom"的订单数据，请用正确的字符串 sqlstr 的赋值语句替换下列第一行语句。

```
string sqlstr = "本字符串需要你用正确的 SQL 语句替换";
conn.Open();
SqlCommand cmd = conn.CreateCommand();
cmd.CommandText = sqlstr;
cmd.CommandType = CommandType.Text;
SqlParameter p1 = cmd.Parameters.Add("@CustomerID",SqlDbType.VarChar,5);
p1.Value = "tom";
SqlDataReader dr = cmd.ExecuteReader();
```

A. string sqlstr＝"Select * From Orders where CustomerID＝?";

B. string sqlstr＝"Select * From Orders where CustomerID＝CustomerID ";

C. string sqlstr＝"Select * From Orders where CustomerID＝@CustomerID ";

D. string sqlstr＝"Select * From Orders";

6. 如何打开和关闭数据库连接？显式打开和关闭数据库连接有什么好处？

7. 数据库连接对象的 Close 方法和 Dispose 方法有什么区别？

8. Connection 中常用的有哪些事件？

9. 什么是异常？如何处理异常？处理异常的原则是什么？

10. 什么是连接池？连接池的使用有什么好处？

第 3 章　命令执行者 Command 与数据读取器 DataReader

本章要点:

➤ Command 与 DataReader 作用详解

➤ 使用 Command 的常用方法

➤ DataReader 的特点与优势

➤ 使用 DataReader 读取数据

3.1　使用连接环境

连接环境是指客户端在处理数据的过程中一直没有与服务器端断开,一直与服务器保持连接状态;与此环境相反的是非连接环境,它指的是在数据处理之前与服务器连接,在数据的处理过程中并不与服务器保持连接状态。本章重点介绍在连接环境下进行数据处理操作。

连接环境是早期程序设计中使用较多的一种数据处理方式,其特点在于处理数据速度快,没有延迟,无需考虑由于数据不一致而导致的冲突等方面的问题。

表 3-1 描述了 ADO. NET 中连接环境与非连接环境的区别及主要应用。

表 3-1

环　境	连接环境	非连接环境
优点	只需一次连接; 执行速度快; 无需考虑读出的数据与数据库中的数据是否一致的问题	只有在需要连接到数据库的时候才进行数据源的连接,所以不需要占用太多的计算机资源
缺点	长时间占用连接资源,随着连接源的增加,所需要的计算机资源也不断上升	一般要进行多次连接; 一般执行速度比连接环境慢; 由于读出的数据与数据库中的数据可能存在不一致的问题,所以需要考虑冲突问题
应用例子	要求及时反映数据库中数据变化的系统,对数据库中的数据主要进行如插入、修改等需要及时保持一致的系统	数据量访问较大且主要是数据查询的系统,如 Web 系统中的数据查询系统

3.2　数据命令 Command 对象的创建

在连接环境下,使用最多的是数据命令 Command 对象。数据命令 Command 对象的主要功能包括:

● 执行返回单值的 SELECT 语句,如聚合函数 SUM、AVG 等。

● 执行返回具有多行值的 SELECT 语句。

- 执行存储过程。
- 执行 DML 语句,如查询、插入、删除记录等。
- 执行 DDL 语句,如创建表、视图等。

需要注意的是,根据数据提供程序的不同,其 Command 对象名称也不相同。在程序设计的过程中,要根据不同的数据源选择不同的 Command 对象。常见的 Command 对象是用于 OLE DB 的 OleDbCommand 对象和用于 SQL Server 7.0 以上的 SqlCommand 对象。

在运行时创建 Command 对象的方法如下:

1) 创建基于 SQL Server 2008 的 Command 对象:

```
SqlCommand cmd;
cmd = new SqlCommand();
```

或

```
SqlCommand cmd = new SqlCommand();
```

2) 创建基于 OLE DB 的 Command 对象:

```
OleDbCommand cmd1;
cmd1 = new OleDbCommand();
```

或

```
OleDbCommand cmd1 = new OleDbCommand();
```

3.3　Command 的属性和方法

当创建好一个 Command 对象后,还要设置命令对象的属性才能正确使用。Command 命令对象的主要属性见表 3-2。

表 3-2

属　性	说　明
Connection	指定与 Command 对象相联系的 Connection 对象
CommandType	指定命令对象 Command 的类型,有 Text、StoreProcedure 和 TableDirect 三种选择,分别表示 SQL 语句、存储过程和直接的表
CommandText	如果 CommandType 指明为 Text,则此属性指出 SQL 语句的内容,此为默认值;如果 Command-Type 指明为 StoreProcedure(存储过程),则此属性指出存储过程的名称;如果 CommandType 指明为 DirectTable,则此属性指出表的名称

当命令对象的属性设置好后,就可以运用其方法来对数据库中的数据进行处理。Command对象的主要方法见表 3-3。

表 3-3

方　法	说　明
ExecuteReader	执行返回具有 DataReader 类型的行集数据的方法

方　法	说　明
ExecuteScaler	执行返回单一值的方法
ExecuteNonQuery	用于执行某些操作,返回的值是本次操作所影响的行数

3.3.1　运行时设置 Command 对象的属性

在运行时设置数据命令的属性分两种情况讲解。

(1) 连接的是 Access 数据源

代码如下:

```
OleDbConnection conn;
conn = new OleDbConnection();
conn. ConnectionString = "Provider = Microsoft. Jet. OLEDB. 4.0;" + "Data Source = d:/authors.mdb";
conn. Open();
OleDbCommand cmd1;
cmd1 = new OleDbCommand();
cmd1. Connection = conn;
cmd1. CommandText = "select * from authors";
```

(2) 连接的是 SQL Server 2008 数据源

代码如下:

```
SqlConnection conn;
conn = new SqlConnection();
conn. ConnectionString = "Initial Catalog = Northwind;" + "Data Source = zhuos;UID = sa;PWD = sa";
SqlCommand cmd;
cmd = new SqlCommand();
cmd. CommandText = "select * from categories";
cmd. CommandType = CommandType. Text;
cmd. Connection = conn;
```

如果需要处理的是存储过程,将部分代码修改如下:

```
cmd. CommandText = "StorePorcedureName";      //指定存储过程的名称
cmd. CommandType = CommandType. StoredProcedure;      //指定类型为存储过程
```

3.3.2　使用参数集合

在 Command 命令对象中还有一个属性 Parameters,叫参数集合属性。它的主要功能用于设置 SQL 语句或存储过程的参数,以便能正确地处理输入、输出或返回值。

当存储过程中包含有参数时,应先创建参数对象,然后设置相对应的属性,再将其添加到 Command 对象的参数集合中去,才能正确地处理存储过程中的输入、输出和返回值。参数对象 Parameter 的主要属性(以 SQL Server 2008 为例进行说明)见表 3 - 4。

表 3 - 4

属　性	说　明
ParameterName	指定参数的名字
SqlDbType	指定参数的数据类型,如整型、字符型等
Direction	指定参数的方向,可以是下列值之一: ParameterDirection. Input:指明为输入值 ParameterDirection. Output:指明为输出值 ParameterDirection. InputOutput:指明为输入或输出值 ParameterDirection. ReturnValue:指明为返回值
Value	指明输入参数的值

【例 3 - 1】　有一个 SQL Server 2008 的存储过程的定义如下:

```
CREATE    PROCEDURE au_info
    @lastname varchar(40),
    @firstname varchar(20)
AS
SELECT au_lname, au_fname, title, pub_name
    FROM authors a INNER JOIN titleauthor ta
        ON a.au_id = ta.au_id INNER JOIN titles t
        ON t.title_id = ta.title_id INNER JOIN publishers p
        ON t.pub_id = p.pub_id
    WHERE   au_fname = @firstname
        AND au_lname = @lastname
return @@rowcount
```

请写出运行此存储过程所需要的参数的语句。创建此存储过程所需参数的代码如下:

```
SqlConnection conn;
conn = new SqlConnection();
conn.ConnectionString = "Initial Catalog = pubs;" + "Data Source = zhuos;UID = sa;PWD = sa";
conn.Open();

//以下代码用于 Command 对象的创建
SqlCommand cmd;
cmd = new SqlCommand();
cmd.CommandText = "au_info";     //指定存储过程的名称
cmd.CommandType = CommandType.StoredProcedure;   //指定类型为存储过程
cmd.Connection = conn;      //指定与 Command 对象相关的 Connection 对象

//以下代码用于第一个输入参数的创建
SqlParameter prmLName;
prmLName = new SqlParameter();
prmLName.ParameterName = "@lastname";     //指定参数的名称
prmLName.Direction = ParameterDirection.Input;   //指明为输入参数
```

```
prmLName.SqlDbType = SqlDbType.VarChar;    //指明参数的数据类型为 VarChar
prmLName.Value = "white";    //指明输入参数的输入值为 white

//以下代码用于第二个输入参数的创建
SqlParameter prmFName;
prmFName = new SqlParameter();
prmFName.ParameterName = "@firstname";
prmFName.Direction = ParameterDirection.Input;
prmFName.SqlDbType = SqlDbType.VarChar;
prmFName.Value = "johnson";

//以下代码用于返回值参数的创建
SqlParameter prmReturn;
prmReturn = new SqlParameter();
prmReturn.Direction = ParameterDirection.ReturnValue;    //指明为返回值

//以下代码将定义的 3 个参数对象添加到 Command 对象的 Parameters 集合中去
cmd.Parameters.Add(prmLName);
cmd.Parameters.Add(prmFName);
cmd.Parameters.Add(prmReturn);
//关闭 Connection 对象
cmd Close();
```

分析以上代码,可以总结出调用存储过程的步骤:

1) 创建 Connection 对象,并设置相应的属性值。

2) 打开 Connection 对象。

3) 创建 Command 对象并设置相应属性值。

4) 创建参数对象,并设置相应属性值(有几个参数就创建几个对象)。

5) 将建立好的参数对象添加到 Command 对象的 Parameters 集合中。

6) 执行数据命令(见 3.4 节)。

7) 关闭相关对象。

3.3.3　Command 对象的方法

Command 对象的方法主要有 3 个,它们是 ExecuteScalar,ExecuteReader 和 ExecuteNonQuery。

ExecuteScalar 方法执行后返回的只有一个值。这个方法的使用大都用在有聚合函数的查询过程中,如求某列的平均值、汇总合计等。

ExecuteReader 方法执行后将会返回具有 DataReader 对象类型的行集,故大都用在返回有多行多列的查询语句中,然后再处理 DataReader 对象便能将返回的数据显示出来。

ExecuteNonQuery 方法执行后只返回本次操作所影响的行数。此方法主要用于没有返回值的操作语句中,如存储过程的执行、插入、修改、删除等语句中。

下面介绍 ExecuteScalar 和 ExecuteNonQuery 方法,ExecuteReader 方法将在 3.4 节介绍。

【例 3 - 2】　有一个 SQL 语句如下：

请写出执行此语句的处理语句。

```
SELECT AVG(price) FROM titles
```

这是一条返回单一值的语句（求单价的平均值），所以应使用 ExecuteScalar 方法。步骤如下：

1）在窗体上添加一个按钮控件和一个标签控件并设置相关属性，如图 3 - 1 所示。

2）在按钮的单击事件中输入如下代码：

```
SqlConnection conn;
conn = new SqlConnection();
conn.ConnectionString = "Initial Catalog = pubs;" + "Data Source = .\\sql2008;UID = sa;PWD = 123";
conn.Open();

SqlCommand cmd;
cmd = new SqlCommand();
cmd.CommandText = "SELECT AVG(price) FROM titles";
cmd.CommandType = CommandType.Text;
cmd.Connection = conn;

double result;

//执行命令对象并将其结果返回给变量 result
result = Convert.ToDouble(cmd.ExecuteScalar());

label1.Text = "平均值为:" + result.ToString();
conn.Close();
```

3）运行程序，结果如图 3 - 1 所示。

【例 3 - 3】　有一个 SQL 语句如下：

```
SELECT AVG(price) FROM titles WHERE type = @type
```

其中，@type 为输入的参数。请写出执行此语句的处理语句。

步骤如下：

1）在窗体上添加一个按钮控件和一个标签控件（用于显示执行结果），并设置相关属性，如图 3 - 2 所示。

2）在按钮的单击事件中输入如下代码：

```
SqlConnection conn;
conn = new SqlConnection();
conn.ConnectionString = "Initial Catalog = pubs;" + "Data
Source = .\\sql2008;UID = sa;PWD = 123";
conn.Open();
SqlCommand cmd;
```

图 3 - 1

```
cmd = new SqlCommand();
cmd.CommandText = "SELECT AVG(price) FROM titles WHERE type = @type";
cmd.CommandType = CommandType.Text;
cmd.Connection = conn;

SqlParameter prmType;
prmType = new SqlParameter();
prmType.ParameterName = "@type";
prmType.SqlDbType = SqlDbType.VarChar ;
prmType.Value = "business";

cmd.Parameters.Add(prmType);

double result;
result = Convert.ToDouble(cmd.ExecuteScalar());

label1.Text = "平均值为:" + result.ToString();
conn.Close();
```

3) 运行程序,结果见图 3 - 2。

【例 3 - 4】 请用存储过程实现以下功能并调用。

功能描述:在 employee 表中删除指定 Lname(名字)的
信息。

第一步:创建存储过程。此步可以在 SQL Server 中完
成,也可以通过 Visual Studio. NET 设计工具完成。本例用
Visual Studio. NET 完成。

1) 打开 Microsoft SQL Server Management Studio。

2) 依次展开【数据库】→【Pubs】→【可编程性】,在存储
过程上右键单击【新建存储过程】。

图 3 - 2

3) 输入存储过程的内容如下:

```
CREATE PROCEDURE DeleOnLName
(
    @lname   varchar(40)
)
    AS
    DELETE FROM employee WHERE lname = @lname
    RETURN
```

4) 保存过程名为 DeleOnLName 即完成存储过程的创建。

第二步:在窗体上创建一个按钮控件和标签控件,如图 3 - 3 所示。

第三步:调用存储过程,请将以下 1)～6)步的代码写在执行按钮的 Click 事件中。

1) 建立 Connection 对象:

```
SqlConnection conn = new SqlConnection();
```

```
conn.ConnectionString = "Initial Catalog = pubs;" + "Data Source = .\\sql2008;UID = sa;PWD = 123";
conn.Open();
```

2）创建 command 对象：

```
SqlCommand cmd = new SqlCommand();
cmd.CommandText = "DeleOnLName";
cmd.CommandType = CommandType.StoredProcedure;
cmd.Connection = conn;
```

3）创建参数对象：

```
SqlParameter prmType = new SqlParameter();
prmType.ParameterName = "@lname";
prmType.SqlDbType = SqlDbType.VarChar ;
prmType.Value = "Accorti";
```

4）将建立好的参数对象添加到命令对象的参数集合中去：

```
cmd.Parameters.Add(prmType);
```

5）利用 Command 对象的方法执行此存储过程并接收本次删除语句所影响的行数。

```
int AffectedRows;
AffectedRows = cmd.ExecuteNonQuery();
label1.Text = "此次操作共有:" + AffectedRows.ToString()
 +" 行被删除";
```

6）关闭 connection 对象：

```
conn.Close();
```

第四步：运行程序,结果如图 3 - 3 所示。

图 3 - 3

3.4　数据阅读器 DataReader 对象及其使用

在前面的介绍中,执行的语句所返回的只是一个值或执行一些操作,但在很多时候都需要按一定的条件查询,然后把满足条件的多条记录显示出来。这种功能又如何实现呢？下面将介绍利用数据阅读器 DataReader 对象和 Command 对象的 ExecuteReader 方法产生具有行集的数据。可以通过表格等数据控件与 DataReader 对象绑定来达到所需要的效果。

3.4.1　DataReader 对象简介

DataReader 对象是从数据源中读取只读的、只向前的数据流。它的特点是读取速度非常快,但需要手动编写代码来实现数据的处理工作。

DataReader 对象随着所选择的数据提供程序的不同而不同,因此在选择时应根据数据提供程序来选择此对象。常见的 DataReader 对象是 SqlDataReader 和 OleDbDataReader。

DataReader 对象中数据是通过 Command 对象的 ExecuteReader 方法得到的,所以

DataReader对象一般总是和 Command 一起使用。

3.4.2 **DataReader 的属性和方法**

DataReader 对象的主要属性与说明见表 3 - 5。

表 3 - 5

属 性	说 明
FieldCount	获取当前行的列数
IsClosed	判断当前对象是否已关闭

DataReader 对象的主要方法与说明见表 3 - 6。

表 3 - 6

方 法	说 明
Close	关闭对象
GetDecimal	获取指定列的 Decimal 类型的值
GetInt16	获取指定列的 16 位的整数形式的值
GetInt32	获取指定列的 32 位的整数形式的值
GetInt64	获取指定列的 64 位的整数形式的值
GetName	获取指定列的列名
GetOrdinal	获取指定列名称的序列号
GetString	获取指定列的字符串形式的值
GetValue	获取以本机形式表示的指定列的值
NextResult	如果存在多个 SELECT 语句时,此方法用于读取下一个记录集的结果
Read	使对象的指针前进到下一个记录,如果下一个记录存在,则返回真;否则,返回假。可用于判断是否读到记录的末尾

3.4.3 **DataReader 对象处理数据行**

本节通过几个例子向读者介绍如何利用 DataReader 对象获得不同的数据集。

【例 3 - 5】 请将 pubs 数据库中 Authors 表中读者的姓显示到一个 ListBox 控件中,如图 3 - 4 所示。

操作步骤如下:

1) 在窗体中添加一个按钮控件和一个列表框控件(名为 listBox1),如图 3 - 4 所示。

2) 在按钮的单击事件中添加如下代码:

```
SqlConnection conn = new SqlConnection();
conn.ConnectionString = "Initial Catalog = pubs;" + "Data Source = .\\sql2008;UID = sa;PWD = 123";
conn.Open();
```

```
SqlCommand cmd = new SqlCommand();
cmd.CommandText = "select au_fname FROM authors";
cmd.CommandType = CommandType.Text ;
cmd.Connection = conn;

SqlDataReader dr;//创建一个 DataReader 对象
dr = cmd.ExecuteReader();//执行 Command 对象的 ExecuteReader 方法返回数据到 dr 中

while (dr.Read())//循环读取 dr 中的数据
    listBox1.Items.Add(dr.GetString(0));//将每次的数据添加到 listBox1 控件中

dr.Close();//关闭 dr 对象
conn.Close();//关闭 conn 对象
```

3）运行程序，结果如图 3-4 所示。

在此例中，用 DataReader 对象的 Read 方法循环地从 dr 中读取数据，并将其显示到 ListBox 控件中。当 dr.Read()返回假时，说明记录的指针已指向末尾；否则，指向下一个记录并显示。

总结例 3-5 会发现，利用 DataReader 从数据源中读出数据有如下步骤：

1）创建 Connection 对象并设置相关属性。

2）打开 Connection 对象。

3）创建 Command 对象并设置相关属性。

4）创建 DataReader 对象并设置相关属性。

5）调用 Command 对象的 ExecuteReader 方法，并将结果赋给 DataReader 对象。

6）利用 DataReader 对象的 Read 方法循环地读出数据。

7）关闭 DataReader 对象。

8）关闭 Connection 对象。

图 3-4

【例 3-6】　有一个存储过程的内容如下：

```
CREATE PROC selectFromTwoTable
    AS
    SELECT fname FROM employee
    SELECT job_desc FROM jobs
```

请写出代码读出此存储过程中查询语句所得的结果。

分析此存储过程可以发现，与上例的不同之处在于本例中有两个 SELECT 语句。因此，要用到 DataReader 对象中的 NextResult 方法。另外还用了两个 ListBox 控件来显示数据。

步骤如下：

1）创建窗体中的控件，其中有一个按钮控件、两个 ListBox 控件（listBox1 和 listBox2），如图 3-5 所示。

图 3-5

2）在显示按钮的单击事件中添加如下代码：

```
SqlConnection conn = new SqlConnection();
conn.ConnectionString = "Initial Catalog = pubs;" + "Data Source = .\\sql2008;UID = sa;PWD =
123";
conn.Open();

SqlCommand cmd = new SqlCommand();
cmd.CommandText = "selectFromTwoTable";//存储过程的名字
cmd.CommandType = CommandType.StoredProcedure;
cmd.Connection = conn;

SqlDataReader dr;
dr = cmd.ExecuteReader();//将记录存入 dr 对象中
while (dr.Read())//读取第一个记录集的数据
    listBox1.Items.Add(dr.GetString(0));

dr.NextResult();//将记录指向下一个记录集
while (dr.Read())//读取第二个记录集的数据
    listBox2.Items.Add(dr.GetString(0));

dr.Close();
conn.Close();
```

3）运行程序,结果如图 3-5 所示。

本例利用 DataReader 对象的 NextResult 方法读取存在于 dr 中的下一个记录集。如果所返回的记录集不止一个时,需要用到 NextResult 方法来读取下一个记录集的内容,同时每读一个记录集的数据都需要用一个循环。本例有两个记录集,所以用了两个循环。

3.5 事务处理

在实际生活中,可能会遇到一些诸如此类的问题:某人从 A 银行转账到 B 银行,可是当从 A 银行取出钱的那一瞬间,系统出现了故障,会不会存在 A 银行账号里钱的数量少了,而 B 银行账号里的钱却不会增加的情况呢?但实际上,这种情况一般是没有的,为什么呢?因为程序设计人员在设计此系统的时候便将此类问题考虑为一个整体,即要么转账成功,要么不成功,不会出现前面所述的一个账号钱少,而另一个账号钱却没有增加的情况。在数据库系统中,这是一种机制。这种机制就是事务(Transaction)。

3.5.1 事务简介

事务是单独的工作单元,它保证在同一个事务内所做的事要么成功,要么失败,不会出现第三种情况。

事务具有 ACID 的属性。

原子性(Atomicity):指事务如原子一样,是一个整体,不可再分,要么完成全部工作,要么什么工作也不做。

一致性(Consistency):指事务能保证数据的一致性,即使当事务在处理的过程中发生了任何问题都能保证数据是正确的。

隔离性(Isolation):指事务和事务间是相互隔离的,不能相互访问。

持续性(Durability):指系统如果发生故障,日志文件能使程序完成没有完成的工作,使事务持续下去。

正是因为有了以上 4 种属性,才保证事务能够完成诸如转账之类的工作,保证计算机中数据与现实相一致。在处理现实中的数据时,如果需求与事务相同,那么使用事务可使工作变得简单而有效。

3.5.2 管理事务

事务的管理可以用 SQL 语句在支持事务管理的数据库管理系统中实现,也可以在 ADO.NET 中实现。

在 SQL 语句中,主要有 3 条语句用于管理事务。

BEGIN TRAN:表示事务的开始,从此处开始后的语句到事务的提交处都是事务的一部分。这一部分是满足原子性的。

COMMIT TRAN:表示事务的提交,从 Begin Tran 到 Commit Tran 中的语句即为事务的部分。

ROLLBACK TRAN:事务的回滚(撤销)。将事务回滚到开始或指定的地方。

【例 3 - 7】 图书馆管理系统的数据库中存在 tb1DZ 读者表(见表 3 - 7)、tb1SM 书目表(见表 3 - 8)和 tb1JYQK 借阅情况记录表(见表 3 - 9),请利用存储过程实现图书的借阅功能。

分析:在本例中,实现借阅功能时,需要对书的状态由存在变为不存在,同时需要将借阅的情况插入到借阅情况记录表中。这两个操作应满足事务的要求(原子性),即要么借阅成功,要么失败,不会出现书的状态不存在,而书又没有被借的情况或相反的情况。

表 3 - 7

列 名	类型(长度)	备 注	说 明
BH	CHAR(10)	主键	读者编号
XM	VARCHAR(10)		读者姓名
BM	VARCHAR(20)		读者所在的部门(班级)

表 3 - 8

列 名	类型(长度)	备 注	说 明
SH	CHAR(10)	主键	书号
SM	VARCHAR(20)		书名
JG	MONEY		价格
ZD	CHAR(6)		状态

表 3 - 9

列 名	类型(长度)	备 注	说 明
BH	CHAR(10)	主键	读者编号
SH	CHAR(10)	主键	书目编号
JYRQ	DATETIME		借阅日期

实现借阅功能的存储过程代码如下:

```
CREATE PROCEDURE JY
(
    @BH char(10),      - -读者的编号
    @SH varchar(10)    - -书的编号
)
AS
    DECLARE @err1 int,@err2 int   - -定义两个变量用于存放产生的错误值
    BEGIN TRAN          - -事务从此处开始
        UPDATE tblSM SET ZD = '不存在' WHERE SH = @SH - -改变书的状态
        SET @err1 = @@error
        INSERT INTO tblJYQK VALUES(@BH,@SH,GETDATE()) - -添加借阅记录
        SET @err2 = @@error
        IF @err1 = 0 AND @err2 = 0 - -判断是否发生了错误
            COMMIT TRAN          - -没有发生错误就提交事务
        ELSE
            ROLLBACK TRAN      - -发生了错误就回滚错误
```

利用 SQL Server 2000 中的@@error 系统变量来判断是否发生了错误,如果上一条 SQL 语句发生了错误,此系统变量的值便不等于 0,否则是等于 0 的。所以,通过最后的判断两个自定义的变量的值是否同时为 0 来确定是否需要回滚事务。

在 ADO. NET 中事务的管理可以通过 Transaction 对象来处理。下面利用 ADO. NET 的功能来实现上面的例子以说明 ADO. NET 中是如何处理事务的。

代码如下：

```
conn.Open();
SqlTransaction trans = conn.BeginTransaction();  //定义一个事务对象
SqlCommand cmd = new SqlCommand();
cmd.Connection = conn;
try
{
        //修改书目的状态
        cmd.CommandText = "UPDATE tblSM SET ZD = '不存在' WHERE SH = '111111'";
        cmd.ExecuteNonQuery();
        //向借阅信息表中插入借阅信息
        cmd.CommandText  = "INSERT INTO tblJYQK VALUES('123','11111',GETDATE())";
        cmd.ExecuteNonQuery();
        trans.Commit();  //正常情况下提交事务
}
catch
{
        trans.Rollback();    //发生异常则回滚事务
}
finally
{
        conn.Close();
}
```

总结以上代码可以发现，在 ADO. NET 中实现事务有如下步骤：

1）调用 Connection 对象的 BeginTransaction 方法，并将返回的值给一个 SqlTransaction（如是 OLE DB 数据提供程序，则是 OleDbTransation）对象。

2）在命令对象中设置 Transaction 属性来引用事务对象。

3）执行命令对象。

4）通过异常捕获语句来判断是否发生异常，如果发生了异常，则调用 RollBack 方法来回滚事务；否则，调用 Commit 方法来提交事务。提交和回滚的操作一般都是放在 Try... Catch 块中。

3.5.3　隔离级别

隔离级别指明当有多个事务访问同一数据时所引起的并发性问题的解决方案，数据库系统根据所选择的隔离级别来决定发生并发性问题时应如何处理。

当有几个事务在访问同一数据时，可能发生的并发性错误的情况有以下几种：

（1）脏读

当第二个事务选择其他事务正在更新的行时，会发生未确认的相关性问题，第二个事务正在读取的数据还没有确认并且可能由更新此行的事务所更改。这种现象就是脏读。

例如,甲正在更改电子文档。在更改过程中,乙复制了该文档(该复本包含到目前为止所做的全部更改)并将其分发给了用户。后来甲认为目前所做的更改是错误的,于是删除了所做的编辑并保存了文档,而分发给用户的文档包含不再存在的编辑内容,并且这些编辑内容被认为从未存在过。如果在甲确定最初这个文档在最终更改前任何人都不能读取,则可以避免该问题。

(2)不可重复读

当第二个事务多次访问同一行而且每次读取不同的数据时,会发生不一致的分析问题。不一致的分析与未确认的相关性类似,因为其他事务也是正在更改第二个事务正在读取的数据。然而,在不一致的分析中,第二个事务读取的数据是由已进行了更改的事务提交的,而且不一致的分析涉及多次(两次或更多次)读取同一行,而且每次信息都由其他事务更改,因而该行被非重复读取。

例如,甲两次读取同一文档,但在两次读取之间,作者重写了该文档。当甲第二次读取文档时,文档已更改。如果只有在作者全部完成编写后甲才读取文档,则可以避免该问题。

(3)幻像读

当对某行执行插入或删除操作,而该行属于某个事务正在读取的行的范围时,会发生幻像读问题。事务第一次读的行范围显示出其中一行已不复存在于第二次读或后续读中,因为该行已被其他事务删除。同样,由于其他事务的插入操作,事务的第二次或后续读显示有一行已不存在于原始读中。

例如,甲更改了作者提交的文档,但当生产部门将其更改内容合并到该文档的主复本时,发现作者已将未编辑的新材料添加到该文档中。如果在甲和生产部门完成对原始文档的处理之前,任何人都不能将新材料添加到文档中,则可以避免该问题。

根据以上可能发生的并发性问题,可以设置相应的隔离级别来解决由于并发性问题可能引起的错误。隔离级别与可控的并发性问题见表 3-10。

表 3-10

隔离级别	脏 读	不可重复读	幻像读
未提交读(ReadUncommitted)	是	是	是
提交读(ReadCommitted)	否	是	是
可重复读(RepeatableRead)	否	否	是
可串行读(Serializable)	否	否	否

根据表 3-10,可以设置不同的隔离级别来控制由于并发性问题所引起的错误,但需要注意的是,隔离级别越高所需要牺牲的性能也更大。

那么,如何实现隔离级别的设置呢?以下语句给出了如何设置具有提交读的隔离级别。

```
SqlTransaction trans = conn.BeginTransaction(IsolationLevel.ReadCommitted);
```

3.6　本章小结

本章介绍了连接环境的使用,通过对 Command 对象和 DataReader 对象的描述,介绍了这些对象的使用方法和设置,还介绍了如何进行事务处理。

思考与练习

1. 为创建在 SQL Server 2008 中执行 Select 语句的 Command 对象,可先建立到 SQL Server 2008 数据库的连接,然后使用连接对象的_____方法创建 SqlCommand 对象。

A. Open　　　　　B. OpenSQL　　　　C. CreateCommand　　　　D. CreateSQL

2. 数据库 F:\BooksMgt.mdb 包含表 Book。创建名为 conn 数据连接对象定义如下:

```
OleDbConnection conn = new
OleDbConnection(@"Provider = 'Microsoft.Jet.OLEDB.4.0';Data
Source = 'F:\BooksMgt.mdb");
```

请问:下列 C♯ 语句是否正确?

```
OleDbCommand cmd = conn.CreateCommand();
cmd.CommandText = "Select * From Book";
cmd.CommandType = CommandType.Text;
```

A. 正确　　　　B. 错误

3. Oracle 数据库实例 MyOra1 中存储过程 CountProductsInCategory 的定义如下(过程体略):

```
CREATE FUNCTION CountProductsInCategory(catID in number,catName varchar2 out)
RETURN int AS
ProdCount number;
BEGIN
……
RETURN ProdCount;
END CountProductsInCategory;
```

使用 OLE DB .NET 数据提供程序的 OleDbCommand 对象访问该存储过程前,为了添加足够的参数,可以_____。

```
(1) OleDbParameter p2 = new OleDbParameter("CatID",OleDbType.Int,4);
p1.Direction = ParameterDirection.Input;
cmd.Parameters.Add(p2);
(2) OleDbParameter p3 = new OleDbParameter("CatName",OleDbType.VarWChar,15);
p1.Direction = ParameterDirection.Output;
cmd.Parameters.Add(p3);
(3) OleDbParameter p1 = new OleDbParameter("RETURN_VALUE",OleDbType.Int,4);
p1.Direction = ParameterDirection.ReturnValue;
cmd.Parameters.Add(p1);
```

A. 依次执行语句(1)、(2)、(3)　　　　B. 依次执行语句(2)、(3)、(1)
C. 依次执行语句(3)、(2)、(1)　　　　D. 依次执行语句(3)、(1)、(2)

4. 某 Command 对象 cmd 将被用来执行以下 SQL 语句,以向数据源中插入新记录:

insert into Customers values(1000,"tom")

请问,语句"cmd. ExecuteNo nQuery( );"的返回值可能为_____。
A. 0   B. 1   C. 1000   D. "tom"

5. cmd 是一个 SqlCommand 类型的对象,并已正确连接到数据库 MyDB。为了在遍历完 SqlDataReader 对象的所有数据行后立即自动释放 cmd 使用的连接对象,应采用下列哪种方法调用 ExecuteReader 方法?

A. SqlDataReader dr = cmd. ExecuteReader( );

B. SqlDataReader dr = cmd. ExecuteReader(true);

C. SqlDataReader dr = cmd. ExecuteReader(0);

D. SqlDataReader dr= cmd. ExecuteReader(CommandBehavior. CloseConnection);

6. 使用 SQL Server . NET 数据提供程序访问 SQL Server 2008 数据库时,创建了事务对象 trans,并将其 IsolationLevel 属性设置为 Serializable,则在该事务中执行 Command 对象的方法_____。

A. 可以防止在读取时破坏数据   B. 可以防止脏读

C. 可以防止不可重复读   D. 可以防止幻像读取

7. 什么是连接环境?什么是非连接环境?各自有什么优缺点?

8. 调用存储过程的步骤是什么?如何调用有参存储过程?

9. DataReader 对象有什么作用?如何获得具有 DataReader 对象的数据?

10. 什么是事务?它有什么特点?在什么情况下需要使用事务?通过使用 ADO. NET 执行事务的步骤是怎样的?

第 4 章　数据搬运工 DataAdapter 与
临时数据仓库 DataSet

本章要点：

➤ DataAdapter 作用详解
➤ DataAdapter 的 4 种 Command
➤ 使用 DataAdapter 的 Fill 与 Update 方法
➤ DataSet 的创建与使用
➤ DataTable 的主外键及约束的创建

4.1　数据适配器的概念

与 Connection 对象和 Command 对象一样，数据适配器 DataAdapter 也是数据提供程序的一部分，而且每个数据提供程序都有特定的数据适配器版本。这意味着在.NET 框架的发行版本中，System. Data. OleDb 命名空间中的数据适配器是 OleDbDataAdapter，而 System. Data. SqlClient 命名空间中的数据适配器则是 SqlDataAdapter。

数据适配器充当数据源和数据集对象之间的"粘合剂"，也称"数据搬运工"。也就是说，数据适配器接收来自 Connection 对象的数据，然后把它传递给数据集 DataSet，接着数据适配器将数据集的变化回传给 Connection 对象以改变数据源中的数据（记住，数据源可以是任何类型的数据，而不只是数据库）。

数据适配器包含了对 4 个数据命令的引用，用来操作数据源。每个数据命令执行一种操作，它们分别是 SelectCommand、UpdateCommand、InsertCommand 和 DeleteCommand。

4.2　数据适配器的创建

Microsoft Visual Studio 2010 提供了创建数据适配器的工具，在需要的时候，也可以在代码中手动创建数据适配器，本章对这一点也会作介绍。

4.2.1　利用 Microsoft Visual Studio 是 2010 创建

如果已在【服务器资源管理器】中创建了一个与数据源的设计时连接，把适当的表、查询或存储过程拖放到窗体上就可以自动创建数据适配器。如果窗体上还没有连接，Visual Studio 还会创建一个预先配置的连接。

【例 4-1】　在【服务器资源管理器】中创建数据适配器。

操作步骤如下：

1）打开 Microsoft Visual Studio 2010，新建一个项目，命名为 Chap4。

2）在窗体上面放一个 tabControl，并在其 TabPages 属性中添加两个选项卡，分别设置其

Text 属性为 Employees 和 Customers,然后在每一个 TabPage 中添加一个 DataGridView。

3)在界面上放两个按钮,分别设置其 Text 属性为"填充"和"更新"。

4)选中【Employees】选项卡中的 DataGridView,单击 DataGridView 右上角的小三角,在【选择数据源】中单击【添加项目数据源】,如图 4 - 1 所示。

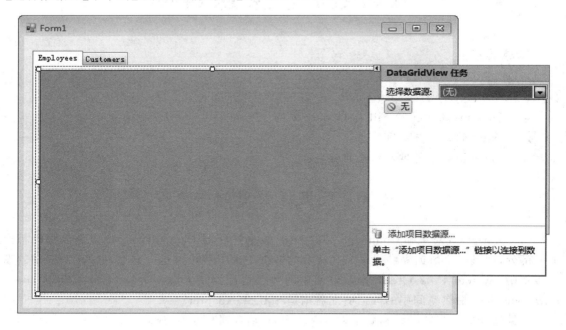

图 4 - 1

5)在【数据源配置向导】的【选择数据源类型】界面中选择【数据库】,如图 4 - 2 所示,然后单击【下一步】按钮。

图 4 - 2

6）在【数据源配置向导】的【选择数据库模型】界面中选择【数据集】，如图 4-3 所示，然后单击【下一步】按钮。

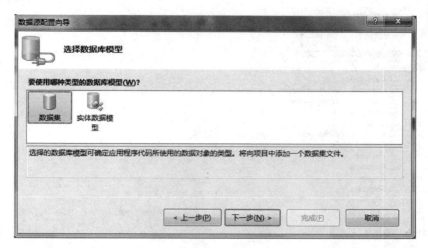

图 4-3

7）在【数据源配置向导】的【选择您的数据连接】界面中选择前面创建好的【Northwind-ConnectionString】，见图 4-4，然后单击【下一步】按钮。

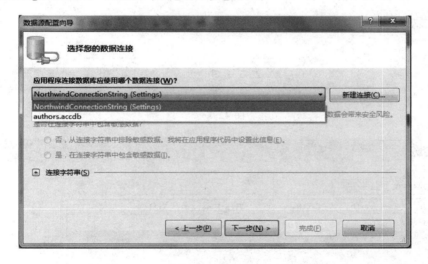

图 4-4

8）在【数据源配置向导】的【选择数据库对象】界面中选择【Employees】表，下部的【Data-Set 名称】就用默认的【NorthwindDataSet】，如图 4-5 所示，然后单击【完成】按钮。

9）数据源配置过程完成，返回到 Microsoft Visual Studio 2010 编辑器，发现在窗体下部创建了 northwindDataSet、employeesBindingSource 和 employeesTableAdapter 3 个对象，并且 DataGridView 中也出现了所配置数据表中的列，其中 employeesTableAdapter 就是创建好的数据适配器，如图 4-6 所示。

10）按 F5 键，结果如图 4-7 所示。

图 4 - 5

图 4 - 6

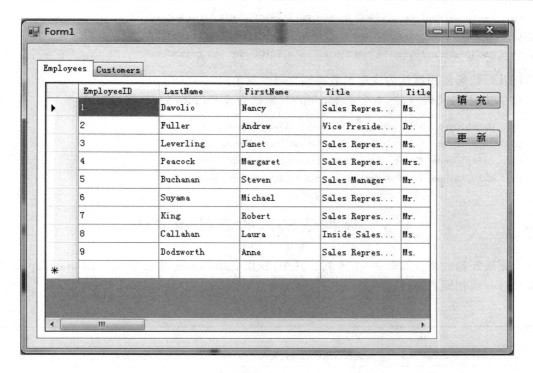

图 4 - 7

4.2.2　利用代码创建

前面的章节中介绍过,在代码中创建 ADO.NET 对象时,首先声明这些对象再将它们初始化。创建数据适配器的过程本质上也是这样的,但是有一点小小的不同——因为数据适配器引用 4 个 Command 对象,所以必须首先声明和实例化每一个 Command 对象,然后设置数据适配器引用它们。

【例 4 - 2】　在代码中创建数据适配器。

操作步骤如下:

1) 在例 4 - 1 窗体设计器中按 F7 键显示数据适配器窗体的代码。

2) 在类定义开始的地方添加下列代码行:

```
private System.Data.SqlClient.SqlDataAdapter daEmployees;
private System.Data.SqlClient.SqlCommand cmdSelectEmployees;
private System.Data.SqlClient.SqlCommand cmdInsertEmployees;
private System.Data.SqlClient.SqlCommand cmdUpdateEmployees;
private System.Data.SqlClient.SqlCommand cmdDeleteEmployees;
```

这几行代码表明创建了一个数据适配器对象和 4 个 Command 对象。

3) 转到窗体的构造函数 Form1 中添加下列代码行:

```
daEmployees = new System.Data.SqlClient.SqlDataAdapter();
InitializeComponent();
this.cmdDeleteEmployees = new System.Data.SqlClient.SqlCommand();
```

```
this.cmdInsertEmployees = new System.Data.SqlClient.SqlCommand();
this.cmdSelectEmployees = new System.Data.SqlClient.SqlCommand();
this.cmdUpdateEmployees = new System.Data.SqlClient.SqlCommand();
```

这几行代码使用默认的构造函数实例化每个对象。

4）添加下列代码行，把 4 个 Command 对象赋给 daEmployees 数据适配器：

```
this.daEmployees.DeleteCommand = this.cmdDeleteEmployees;
this.daEmployees.InsertCommand = this.cmdInsertEmployees;
this.daEmployees.SelectCommand = this.cmdSelectEmployees;
this.daEmployees.UpdateCommand = this.cmdUpdateEmployees;
```

4.3　数据适配器的属性和方法

数据适配器的属性如表 4-1 所列。其中，SqlDataAdapter 对象和 OleDbDataAdapter 对象都公开一组相同的属性。

表 4-1

属　性	说　明
AcceptChangesDuringFill	决定在数据行添加到数据表中以后是否在该数据行上调用 AcceptChanges 方法
DeleteCommand	用来在数据源中删除行的数据命令
InsertCommand	用来在数据源中插入行的数据命令
MissingMappingAction	决定当传入数据与现有表或列不匹配时将要采取的操作
MissingSchemaAction	决定当传入数据与现有数据集的架构不匹配时将要采取的操作
SelectCommand	用来从数据源中检索行的数据命令
TableMappings	DataTableMappings 对象的集合，该对象决定数据集中的列和数据源之间的关系
UpdateCommand	用来更新数据源中行的数据命令

AcceptChangesDuringFill 属性决定 AcceptChanges 方法是否被添加到数据集中的每一行所调用，其默认值为 true；MissingMappingAction属性决定系统在 SelectCommand 返回数据集中不存在的列或表时如何反应。可能取值如表 4-2 所列，其默认值为 Passthrough

表 4-2

值	说　明
Error	引发 SystemException
Ignore	忽略没有在数据集中找到的列或表
Passthrough	将未找到的列或表添加到数据集中，沿用它们在数据源中的名称

MissingSchemaAction 属性决定，如果数据集中的列丢失时，系统将作何种反应；MissingMappingAction 属性只有在 MissingMappingAction 被设置为 Passthrough 时才会被调用。可能取值如表 4-3 所列，默认值为 Add

表 4 - 3

值	说　明
Add	把必要的列添加到数据集中
AddWithKey	添加必要的列和表以及 PrimaryKey 约束
Error	引发 SystemException
Ignore	忽略多余的列

此外,数据适配器有两组属性设置,我们将详细讨论 Command 对象组。该组设置告诉数据适配器,如何更新数据源以反映对数据集所做的更改;TableMappings 属性用于维持数据集中的列与数据源中的列的关系。

4.3.1　数据适配器的属性

如前所述,每个数据适配器都包含对 4 个 Command 对象的引用,其中每个对象都有 CommandText 属性。该属性包含要实际执行的 SQL 命令。

每个数据适配器命令必须和一个连接关联。在大多数情况下,需要为所有的 Command 对象使用单个连接,但这并不是必需的。如果需要,可让一个 Command 对象与不同的连接关联。

可以为 SelectCommand 指定 CommandText 属性。.NET 框架也可以自动生成更新、插入和删除命令。.NET 框架使用 CommandBuilder 对象生成命令,可以在代码中实例化 CommandBuilder 对象并生成必需的命令,但是 CommandBuilder 不能处理参数化存储过程。

4.3.2　数据适配器的命令

【例 4 - 3】　在代码中设置数据适配器的 CommandText。

在【代码编辑器】中,在例 4 - 2 代码的基础上,添加下列代码行到窗体构造函数 Form1 的底部:

```
this.cmdSelectEmployees.CommandText = "select * from Employees";
this.cmdSelectEmployees.Connection = this.sqlConnection;
this.cmdSelectEmployees.CommandTyPe = CommandTypeText;
```

如何显示运行时创建的数据适配器数据,请参考第 4 章例 4 - 2 的示例代码。

4.3.3　TableMappings 集合

数据集并不清楚它所包含的数据来自哪里,而 Connection 也不知道它所检索的数据都发生了什么改变。数据适配器用于维持这两者之间的联系,它通过 TableMappings 集合来实现这一目的。

TableMappings 集合的结构如图 4 - 8 所示。在最高层,TableMappings 集合包含一个或多个 DataTableMapping 对象。通常只有一个 DataTableMapping 对象,因为多数数据适配器只返回一个单一的记录集。不过,如果数据适配器管理多个记录集(如返回多个记录集的存储过程),每一个记录集就都对应着一个 DataTableMapping 对象。

DataTableMapping 对象又是一个集合,它包含了一个或多个 DataColumnMapping 对象。DataColumnMapping 对象由两个属性组成:一个是 SourceColumn,表示数据源中的列名,区分大小写;另一个是 DataSetColumn,表示数据集中的列名,不区分大小写。数据适配器管理的每个列都有一个 DataColumnMapping 对象。

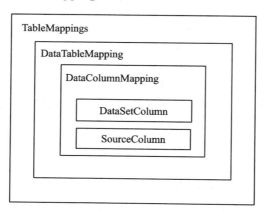

图 4 - 8

默认情况下,. NET 框架把 DataSetColumn 的名称设置成 SourceColumn 的名称来创建一个 TableMappings 集合(同时创建它包含的所有对象)。但是,有些时候可能不会这样做。例如,为了操作更方便,可能要改变映射,或因为正在使用已经存在的有着不同列名的数据集。

4.3.4 数据适配器的方法

数据适配器支持两个重要方法:一个是 Fill,它把数据从数据源加载到数据集中;另一个是 Update,它向另一个方向传送数据——把数据从数据集加载到数据源中。我们将通过下面的练习讨论这两个方法。

4.3.5 Fill 方法

Fill 方法使用数据适配器的 SelectCommand 中指定的命令把数据从数据源加载到数据集的一个或多个表中。DbDataAdapter 对象(OleDbDataAdapter 和 SqlDataAdapter 都从它那里继承而来)支持 Fill 方法的几个版本如表 4 - 4 所列。

表 4 - 4

方　法	说　明
Fill(DataSet)	创建名为 Table 的数据表,并用数据源返回的行填充它
Fill(DataTable)	用数据源返回的行填充指定的数据表
Fill(DataSet,tableName)	在指定的数据集里,用数据源返回的行填充 tableName 字符串中命名的数据表
Fill(DataTable,DataReader)	使用指定的 DataReader 填充数据表(因为 DataReader 被声明为 IDataReader,所以可使用 OleDbDataReader 或 SqlDataReader)
Fill(DataTable,Command, CommandBehavior)	使用命令中传递的 SQL 字符串和指定的 CommandBehivior 填充数据表

方　法	说　明
Fill(DataSet,startRecord, maxRecords,tableName)	填充 tableName 字符串指定的数据表,填充从基值为零的 startRecord 开始,持续到 maxRecords 或直到结果集的末尾结束
Fill(DataSet,tableName, DataReader,StartRecord, maxRecords)	使用指定的 DataReader 填充 tableName 字符串指定的数据表,填充从基值为零的 StartRecord 开始,持续到 maxRecords 或直到结果集的末尾结束(因为数据阅读器被声明为 IDataReader,所以可使用 OleDbDataReader 或 SqlDataReader)
Fill(DataSet,startRecord, maxRecord,TableName, Command,CommandBehavior)	用命令中的 SQL 文本和指定的 CommandBehavior 填充 tableName 字符串指定的数据表,填充从基值为零的 startRecord 开始,持续到 maxRecord 或直到结果集的末尾结束

此外,OleDbDataAdapter 支持 Fill 方法的两个附加版本(见表 4 - 5),用来从 Microsoft ActiveX Data Object(ADO)加载数据。

表 4 - 5

方　法	说　明
Fill(DataTable,adoObject)	用来自 ADO 记录集或来自 adoObject 中指定的 Record 对象的行填充指定的数据表
Fill(DataSet,adoObject,tablename)	用来自 ADO 记录集或来自 adoObject 中指定的 Record 对象的行填充指定的数据表,该数据表由 tableName 字符串指定,它将决定 TableMappings

SqlDataAdapter 只支持 DbDataAdapter 提供的方法。当然,其他数据提供程序中的数据适配器也支持 Fill 方法的附加版本。

Microsoft SQL Server 十进制数据类型最大允许 38 位,而.NET 框架十进制数据类型最大允许 28 位。如果 SQL 表中某一行的十进制字段超过 28 位,数据行将不会被添加到数据集中,而且会引发 FillError。

【例 4 - 4】　使用 Fill 方法。

操作步骤如下:

1)在例 4 - 1 窗体设计器中双击【填充】按钮。Visual Studio 2010 把 Click 事件的程序添加到代码窗口中。

2)将 Form_Load 事件中的代码移入填充按钮的事件程序中,该代码表示利用数据适配器 employeesTableAdapter 的 Fill 方法来填充 northwindDataSet 数据集的 Employees 表。代码如下:

```
private void btnFill_Click(object sender, System.EventArgs e)
{
this.employeesTableAdapter.Fill(this.northwindDataSet.Employees);
}
```

3)按 F5 键运行程序,结果如图 4 - 9 所示。

4)单击【填充】按钮,结果如图 4 - 10 所示。

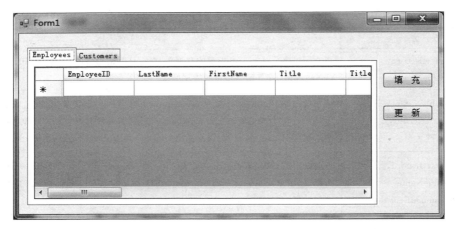

图 4 - 9

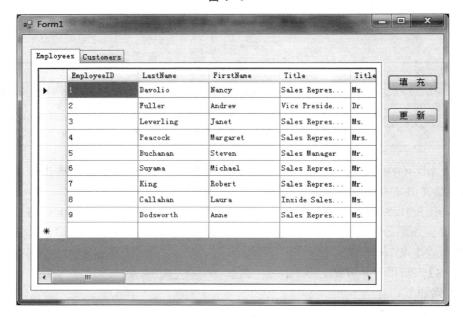

图 4 - 10

5）检查每一个数据网格是否已正确填充,然后关闭程序。

4.3.6 Update 方法

由于数据集不保留有关它所包含的数据来源的任何信息,因而对数据集中行所做的更改也不会自动回传到数据源,所以必须用数据适配器的 Update 方法来完成这项任务。对一数据集中每一个做出更改的行,Update 会适当地调用数据适配器的 InsertCommand、DeleteCommand 或 UpdateCommand。

System. Data. Command. DbDataAdapter 是一个数据适配器类,关系数据库数据提供程序的数据适配器都继承自这个类。它支持 Update 方法的多个版本,如表 4 - 6 所列。SqlDataAdapter 和 OleDbDataAdapter 都不添加任何附加版本。

表 4 - 6

方　法	说　明
Update(DataSet)	根据指定的 DataSet 中名为 Table 的数据表更新数据源
Update(DataRows)	根据指定的 DataRow 数组更新数据源
Update(DataTable)	根据指定的 DataTable 更新数据源
Update(DataRows, DataTableMapping)	使用指定的 DataTableMapping,根据指定的 DataRow 数组更新数据源
Update(DataSet,sourceTable)	根据 DataSet 的 sourceTable 中指定的数据表更新数据源

【例 4 - 5】　用 Update 方法更新数据源。

操作步骤如下:

1) 在例 4 - 1 窗体设计器中双击【更新】按钮,【代码编辑器】自动生成 btnUpdate_Click 事件处理程序:

```
private void btnUpdate_Click(object sender, System.EventArgs e)
{

}
```

2) 在该更新事件中添加代码,利用数据适配器 daEmployee 的 Update 方法将修改后的数据保存到数据库。添加的代码如下:

```
this.daEmployee.UpdateCommand = this.employeesTableAdapter.Adapter.UpdateCommand;
daEmployee.Update(this.northwindDataSet.Employees);
MessageBox.Show("更新成功!");
```

3) 按 F5 键运行程序。

4) 单击【填充】按钮。程序将填充数据网格。

5) 单击第一行的【FirstName】,把它的值从 Nancy 改为 Tom(见图 4 - 11)。

图 4 - 11

6）单击【更新】按钮,程序更新数据源成功后显示"更新成功"的提示。

7）单击【填充】按钮确定变化已传到数据源。

8）关闭程序。

4.4 处理数据适配器事件

数据适配器支持两个事件:RowUpdating 和 RowUpdated。这两个事件分别在实际数据集的更新前后发生,可更好地控制该过程。

4.4.1 RowUpdating 事件

RowUpdating 事件引发的时间是在 Update 方法设置了要执行命令的参数值后,但在命令执行之前。事件的处理程序将接收到一个参数。该参数的属性提供了有关执行命令的基本信息。事件参数的类由数据提供程序定义,因此如果要使用.NET 框架的数据提供程序,就会用到 OleDbRowUpdatingEventArgs 或 SqlRowUpdatingEventArgs。RowUpdatingEventArgs 的属性如表 4 - 7 所列。

表 4 - 7

属　性	说　明
Command	要执行的数据命令
Errors	由.NET 数据提供程序生成的错误
Row	要更新的 DataReader
StatementType	要执行的命令类型,可能取值为 Select、Insert、Delete 和 Update
Status	命令的更新状态(UpdateStatus)
TableMapping	更新使用的 DataTableMapping

Command 属性包含了对更新数据源的 Command 对象的引用。该引用可以用来查看 Command 的 CommandText 属性,以此来决定要执行的 SQL 语句并在必要的时候对其作出更改。

事件参数的 StatementType 属性定义要执行的操作。该属性是一个枚举类型,其枚举值为 Select、Insert、Update 或 Delete。StatementType 属性是只读的,不能用它来更改要执行的操作类型。

Row 属性包含了一个对 DataRow 的只读引用。该 DataRow 将被传播到数据源上。TableMapping属性包含了对 DataTableMapping 对象的一个引用。该 DataTableMapping 对象将用于更新操作。

首次调用事件处理程序时,Status 属性(它是一个 UpdateStatus 的枚举类型)定义事件的状态。如果它是 ErrorsOccurred,那么 Errors 属性将包含一个 Errors 集合。

可以设置事件处事程序中的 Status 属性,以决定系统采取什么操作。除 ErrorsOccured 引发异常外,可能的退出状态值是 Continue、SkipAllRemainingRows 和 SkipCurrentRow。Continue 是默认值,指示系统继续进行处理。SkipAllRemainingRows 实际上放弃更新当前列以及任何未被处理的行,而 SkipCurrentRow 只取消对当前行的处理。

【例 4 - 6】　响应 RowUpdating 事件。

操作步骤如下：

1）在【代码编辑器】中添加下列事件处理程序：

```
private void daEmployee_RowUpdating(object sender, System. Data. SqlClient. SqlRowUpdatingEven-
tArgs e)
{
    string strMsg;
    strMsg = "Beginning Update…";
    MessageBox. Show(strMsg);
}
```

2）将下列代码添加到 Form1. Designer. cs 的 InitializeComponent 方法的结束处：

```
this. daEmployee. RowUpdating + = new System. Data. SqlClient. SqlRowUpdatingEventHandler (daEm-
ployee_RowUpdating);
```

3）按 F5 键运行程序，然后单击【填充】按钮填充数据网格。

4）将 Employees 表的 FirstName 从 Tom 再改为 Nancy，见图 4 - 12。

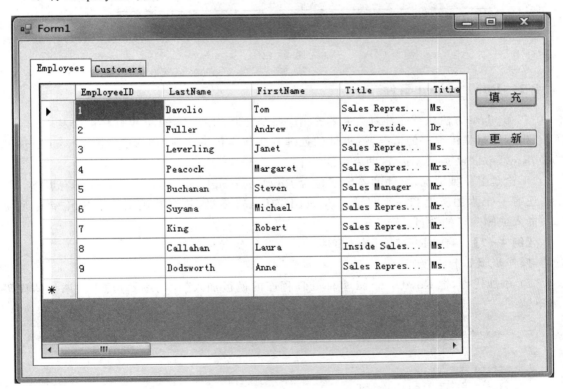

图 4 - 12

5）单击【更新】按钮，结果先弹出【Beginning Update…】对话框，然后才弹出【更新成功】对话框。可见，RowUpdating 事件在更新数据时发生，见图 4 - 13。

6）关闭程序。

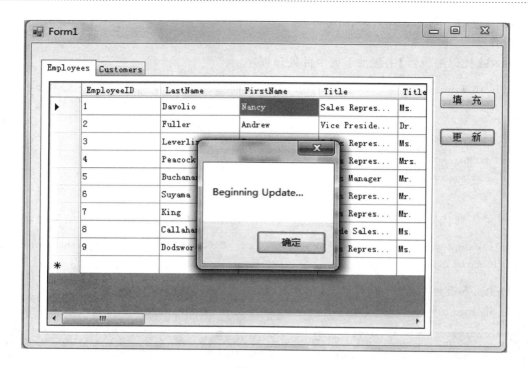

图 4-13

4.4.2 RowUpdated 事件

在 Update 方法执行完针对数据源的相应命令之后,RowUpdated 事件将被引发。

根据数据提供程序的情况,该事件的处理程序将会传递给 SqlRowUpdatedEventArgs 和 leDbRowUpdateEventArgs 这两者中的一个。

不论是哪一种情况,事件的参数都包含 RowUpdatingEvent 参数也具有的所有属性。另外,还有一个附加属性和一个只读的 RecordsEffected 参数,该参数用来指示 SQL 命令所更改、插入或删除行的数目。

【例 4-7】 响应 RowUpdated 事件。

操作步骤如下:

1) 添加代码,把 RowUpdated 事件处理程序的模板加入【代码编辑器】中。添加的代码如下:

```
private void daEmployee_RowUpdated(object sender, System.Data.SqlClient.SqlRowUpdatedEventArgs e)
{
    string strMsg;
    strMsg = "Update Completed";
    MessageBox.Show(strMsg);
}
```

2) 将下列代码添加到 Form1. Designer. cs 的 InitializeComponent 方法的结束处:

```
this. daEmployee. RowUpdated + = new
```

```
System.Data.SqlClient.SqlRowUpdatedEventHandler(daEmployee_RowUpdated);
```

按 F5 键运行程序,然后单击【填充】按钮填充数据。

3)将 Employees 表中第一行的 FirstName 再改回到 Nancy。

4)单击【更新】按钮,结果是先弹出【Beginning Update...】对话框,然后才弹出【Update Completed】对话框,最后弹出【更新成功】对话框,见图 4-14。

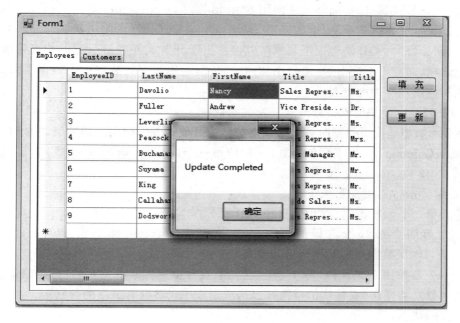

图 4-14

5)关闭程序。

4.5   冲突处理

当你编写一个断开式应用程序时,可能会在试图更新数据源时遇到数据冲突。当应用程序同数据源断开连接时,如果另一个应用程序或服务更改了该数据源,就会发生数据冲突。在本节中,将学习如何在冲突发生之前发现潜在的数据冲突;如何使用 HasErrors 属性发现 DataSet、DataTable 或 DataRow 中的错误;如何在应用程序中解决这些冲突。

4.5.1   发生冲突

断开式 ADO.NET 应用程序使用开放式并发。这将在应用程序试图更新数据源时引起冲突。可以通过编写代码来发现这些冲突,并处理它们。

在开放式并发中,数据检索操作或数据更新操作完成就会释放数据库锁。断开式应用程序使用开放式并发以便于其他应用程序可以并发地查询和更新数据库。

这不同于连接式应用程序,后者经常使用保守式并发。当执行一系列相关的数据操作时会持续锁定数据库。这会阻止其他应用程序访问数据库直到完成相关操作为止,以暂时拒绝其他应用程序访问数据库为代价来防止冲突发生。

4.5.2　检测冲突

数据适配器配置向导能够生成 SQL 语句来检测冲突。向导将 SQL 测试添加到 Insert-Command、UpdateCommand 和 DeleteCommand 中。这些测试检查数据库中的数据传入应用程序之后是否更改过。

当使用数据适配器配置向导创建使用 SQL 语句的 DataAdapter 时,可以在【生成 SQL 语句】的界面中指定【高级选项】组中的选项。其中的一个选项就是【使用开放式并发】。如果选择此选项,向导将向 SQL 语句中添加测试以检测由于开放式并发所引起的冲突错误;如果没有选择此选项,向导不会向 SQL 语句添加冲突测试,应用程序对数据库中数据所做的任何更改将覆盖其他用户所做的更改。

【例 4-8】　向导如何支持开放式并发的示例。

本例显示数据适配器配置向导如何帮助检测由开放式并发所引起的冲突。为 DataAdapter 设置 UpdateCommand。为了简单起见,本例使用一个简化的 Employees 表,它仅包含两列:EmployeeID 和 FirstName。

UpdateCommand 对象要求下列 5 个参数:

第一和第二个参数指定行的 EmployeeID 和 FirstName 的当前值。

第三和第四个参数指定行的 EmployeeID 和 FirstName 原始值。SQL 语句有一个 WHERE 子句确保数据库中的该行仍然包含这些原始值。

最后一个参数用在 SELECT 语句中,它用来从数据库检索已更新的行,以确保在数据库执行了任何触发器操作(或默认值指派)之后,应用程序仍然拥有最新的行数据。

示例代码如下:

```
this. cmdUpdate. CommandText = "Update Employees" +
"SET EmployeeID = @EmployeeID, FirstName = @FirstName " +
"WHERE (EmployeeID = @Original_EmployeeID) " +
"AND (FirstName = @Original_FirstName) ; " +
"SELECT EmployeeID, FirstName FROM Employees" +
"WHERE (EmployeeID = @Select_EmployeeID) ";
//第一个参数
this. cmdUpdate. Parameters. Add(new SqlParameter("@EmployeeID",
SqlDbType. int, 4, ParameterDirection. Imput, false, 0, 0, "EmployeeID", DataRowVersion. Current,
null ));
//第二个参数
this. cmdUpdate. Parameters. Add(new SqlParameter("@ FirstName",
SqlDbType. NVarchar, 10, ParameterDirection. Imput, false, 0, 0, "FirstName", DataRowVersion. Cur-
rent, null ));
//第三个参数
this. cmdUpdate. Parameters. Add(new SqlParameter("@Original_EmployeeID",
SqlDbType. int, 4, ParameterDirection. Imput, false, 0, 0, "EmployeeID", DataRowVersion. Original,
null ));
//第四个参数
this. cmdUpdate. Parameters. Add(new SqlParameter("@ Original_FirstName",
```

```
SqlDbType.NVarchar, 10, ParameterDirection.Imput, false, 0, 0, "FirstName", DataRowVersion.O-
riginal, null ));
//第五个参数
this.cmdUpdate.Parameters.Add(new SqlParameter("@Select_EmployeeID",
SqlDbType.int, 4, ParameterDirection.Imput, false, 0, 0, "EmployeeID", DataRowVersion.Current,
null ));
```

4.5.3　解决冲突

在断开式应用程序中更新数据时,可以使用 HasErrors 属性解决冲突问题,并可以使用该属性在 DataSet 中查找错误的位置和性质。

DataSet、DataTable 和 DataRow 类都提供了 HasErrors 属性。可以使用这些对象中任何一个的 HasErrors 属性来找出数据中任何粒度级别上的冲突和其他错误。DataRow 类还有一个 GetColumnsInError 方法,它取得特殊行的错误列。

为了解决冲突,选择下列策略之一:
- 使用"后进有效"方法,用你的应用程序所做的数据更改覆盖其他应用程序做的任何数据库更改。该方法对于需要在数据库中强制执行更改的管理应用程序来说是有效的。这个方法通过在向导中不选择"使用开放式并发"来设置。
- 不要在数据库上强制冲突数据更改。将发生冲突的更改保留在本地 DataSet 中,以便用户能够在以后再次尝试更新数据库。这个方法通过在向导中选择"使用开放式并发"来设置。
- 拒绝本地 DataSet 中发生冲突的数据更改,恢复最初从数据库中加载的数据。
- 拒绝本地 DataSet 中发生冲突的数据更改,从数据库重新加载最新数据。

【例 4-9】　解决冲突。

本例显示如何在断开式应用程序中采用第三策略来解决冲突。

执行 Update 操作之后,测试 HasErrors 属性,查看 DataSet 是否有错误。如果有错误,则使用一个循环依次检查每个表。如果表有错误,则使用另一个循环检查它的每一行。如果行有错误,则用 GetColumnsInError 方法来查找有错误的列。然后调用 ClearErrors 和 RejectChanes方法清除错误状态并拒绝每行的冲突数据。

代码如下:

```
try
{
    daEmployees.Update(dsEmployees);
}
catch(System.Exception ex)
{
    if(dsEmployees.HasErrors)//测试 HasEnors 属性
    {
        foreach(DataTable table in dsEmployees.Tables)//检查每个表
        {
            if(table.HasErrors)
            {
```

```
                        foreach(DataRow row in table.Rows)
            {
        if(row.HasErrors)
        {
            MessageBox.Show("Row: " + row["EmployeeID"],row.RowError);
                        foreach(DataColumn col in row.GetColumnsInError())//检查表的列
                {
                    MessageBox.Show(col.ColumnName,"Error in this column");
                }
row.ClearErrors();//清除错误状态
row.RejectChanges();//拒绝每行的冲突数据
                }
            }
        }
    }
}
```

当生成多用户数据库应用程序(该程序用于开放式并发将更新提交到数据库)时,在更新查询中执行适当的开放式并发检查是很重要的。

4.6　DataSet 介绍

DataSet 类是数据的脱机容器,是临时存储数据的仓库。它不包含数据库连接的概念。实际上,存储在 DataSet 中的数据不一定来源于数据库,它可以是 CSV 文件中的记录,或是从测量设备中读取的点等。

DataSet 类由一组数据表组成,每个表都有一些数据列和数据行。除了定义数据外,还可以在 DataSet 中定义表之间的链接,即数据表之间的父子关系(通常也称为主从关系)。图 4-15 展示了数据集的结构。

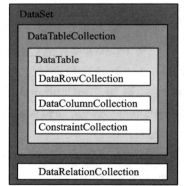

图 4-15

4.6.1　数据表

数据表非常类似于物理数据库表,它由一些带有特定属性的列组成,可能包含 0 行或多行数据。数据表也可以定义主键(可以是一个列或多个列),列上也可以包含约束。

为数据表定义模式有几种方式(把 DataSet 类当做一个整体),这些在介绍了数据列和数据行后讨论。图 4-16 显示了一些可通过数据表访问的对象。

DataTable 对象(和 DataColumn 对象)可以附带任意多个扩展属性。这个集合可以用附属于对象的用户自定义信息来填充。例如,某个列有一个输入掩码,用于验证列的内容是否有效,比较常见的示例是 US 社会安全号。当数据在中间层中构造,要返回给客户机进行某些处理时,最适合使用扩展的属性。例如,可以在扩展的属性(如 min 和 max)中存储数字列的有

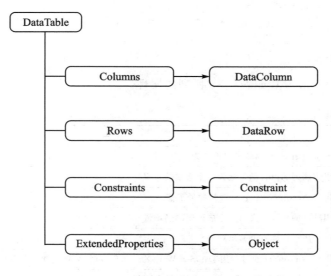

图 4 - 16

效性标准,在验证用户输入时在 UI 层使用它们。

填充数据表时,可以从数据库中选择数据,从文件中读取数据,或在代码中手工填充,Rows 集合会包含这些检索出来的数据。

Columns 集合包含已经添加到表中的 DataColumn 实例,它们定义了数据的模式,如数据类型、是否可为空和默认值等。Constraints 集合可以用唯一或主键码约束来填充。

4.6.2　数据列

DataColumn 对象定义了数据表中某列的属性,例如该列的数据类型,该列是否为只读,以及其他属性。列可以在代码中创建,或者由运行库自动生成。

在创建一个列时,给它指定名称是很有用的,否则运行库就会为该列生成一个名称,其格式是 Columnn,其中 n 是一个递增的数字。

列的数据类型可以在构造函数中提供,也可以通过设置 DataType 属性来指定。把数据加载到数据表中后,就不能改变列的数据类型了,否则会抛出 ArgumentException 异常。

创建的数据列可以包含以下的.NET Framework 数据类型:Boolean、Decimal、Int64、TimeSpan、Byte、Double、Sbyte、UInt16、Char、Int16、Single、UInt32、DateTime、Int32、String、UInt64。

一旦创建好,就要给 DataColumn 对象设置其他属性,例如该列是否可为空或者设置默认值。

【例 4 - 10】　给 DataColumn 设置的一些常见选项。

代码如下:

```
DataColumn customerID = new DataColumn("CustomerID", typeof(int));
customerID.AllowDBNull = false;
customerID.ReadOnly = false;
customerID.AutoIncrement = true;
```

```
customerID.AutoIncrementSeed = 1000;
DataColumn name = new DataColumn("Name", typeof(string));
name.AllowDBNull = false;
name.Unique = true;
```

可以给 DataColumn 设置如表 4-8 所列的属性。

表 4-8

属　性	说　明
AllowDBNull	如果为 true,该列就可以设置为 DBNull
AutoIncrement	指定该列的值自动生成为一个递增的数字
AutoIncrementSeed	定义 AutoIncrement 列最初的种子值
AutoIncrementStep	用默认的步骤定义自动生成列值的递增量
Caption	可以用于在屏幕上显示列名
ColumnMapping	指定当 DataSet 通过调用 DataSet.WriteXml 来保存时,列如何映射到 XML 上
ColumnName	列名,如果没有在构造函数中设置,就由运行库自动生成
DataType	列的 System.Type 值
DefaultValue	定义列的默认值
Expression	定义在所计算的列中使用的表达式

1. 数据行

这个类构成了 DataTable 的另一部分。数据表中的列根据 DataTable 类来定义,表中的实际数据用 DataRow 对象来访问。下面的示例说明了如何访问数据表中的行。

【例 4-11】 填充数据表并遍历表中的行。

操作步骤如下:

1) 创建连接:

```
string source = "server = .\\sql2008;integrated security = SSPI;database = northwind";
string select = "SELECT CompanyName FROM Customers";
SqlConnection conn = new SqlConnection(source);
```

2) 创建 SqlDataAdapter 对象,用于填充 DataSet 中的数据:

```
SqlDataAdapter da = new SqlDataAdapter(select, conn);
DataSet ds = new DataSet();
da.Fill(ds, "Customers");
```

3) 使用 DataRow 的索引器访问数据行上的值,给定列的值可以用几个重载的索引器来检索,这样就可以通过已知的列号、列名或 DataColumn 来检索数据的值:

```
foreach (DataRow row in ds.Tables["Customers"].Rows)
{
        Console.WriteLine("'{0}' from {1}", row[0], row[1]);
}
```

DataRow 最吸引人的一个方面就是它的版本功能。DataRow 可以接收某一行上指定列的各个值,其版本的值见表 4－9。

表 4－9

DataRow 的 Version 值	说　明
Current	列中目前存在的值,如果没有进行编辑,该值与初值相同。如果进行了编辑,该值就是最后输入的一个有效值
Default	默认值(列的任何默认设置)
Original	最初从数据库中选择出来的列值。如果调用了 DataRow 的 AcceptChanges 方法,该值就更新为 Current 值
Proposed	对列进行修改时,可以检索到这个已改变的值。如果在行上调用了方法 BeginEdit(),并进行了修改,每一列都会有一个推荐值,直到调用了 EndEdit()或 CancelEdit()为止

　　要从 DataRow 索引器中检索某个版本的值,应使用索引器的方法,把 DataRowVersion 值作为一个参数。

　　【例 4－12】　如何获得 DataTable 中每一列的所有值。

　　代码如下:

```
foreach (DataRow row in ds.Tables["Customers"].Rows)
{
    foreach (DataColumn dc in ds.Tables["Customers"].Columns)
    {
        Console.WriteLine("{0} Current = {1}", dc.ColumnName, row[dc, DataRowVersion.Current]);
        Console.WriteLine("      Default = {0}", row[dc, DataRowVersion.Default]);
        Console.WriteLine("      Original = {0}", row[dc, DataRowVersion.Original]);
    }
}
```

　　整个数据行有一个状态标志 RowState,可以用于确定在返回数据库时需要对该行进行什么操作。RowState 标志跟踪对 DataTable 所作的所有改变,例如添加新行、删除现有的行,改变表中的列。当数据与数据库同步时,行的状态标志用于确定应执行什么 SQL 操作。这些标志由 DataRowState 枚举定义,如表 4－10 所列。

表 4－10

DataRowState 值	说　明
Added	把新数据行添加到 DataTable 的 Rows 集合中。在客户机中创建的所有行都设置为这个值,最终在与数据库同步时,会使用 SQL INSERT 语句
Deleted	通过 DataRow.Delete()方法把 DataTable 中的数据行标记为删除。但是该行仍存在于 DataTable 中,在屏幕上看不到它(除非将显式设置为 DataView)。在 DataTable 中标记为删除的数据行将在与数据库同步时从数据库中删除
Detached	数据行在创建后立即显示为这个状态,调用 DataRow.Remove()也可以返回这个状态。分立的行不是任何 DataTable 的一部分,因此处于这种状态的行不能使用任何 SQL 语句

DataRowState 值	说　明
Modified	如果列中的值发生了改变,数据行就处于这个状态
UnChanged	自从最后一次调用 AcceptChanges 以来,数据行都没有发生改变

行的状态也取决于在其上调用的方法。一般在成功更新数据源(即把改变返回数据库)之后调用 AcceptChanges 方法。

修改 DataRow 中数据最常见的方式是使用索引器,但如果对数据进行了许多修改,就需要考虑使用 BeginEdit()和 EndEdit()方法

在对 DataRow 中的列进行了修改后,就会在该行的 DataTable 上引发 ColumnChanging 事件。可以重写 DataColumnChangeEventArgs 类的 ProposedValue 属性,按照需要修改它。这是在列值上进行某些数据有效性验证的一种方式。如果在进行修改前调用 BeginEdit()方法,就不会引发 ColumnChanging 事件,于是可以进行多次修改,再调用 EndEdit()方法,保存这些修改。如果要回退到初值,应调用 CancelEdit()方法。

DataRow 可以以某种方式链接到其他数据行上,在数据行之间能够建立可导航的链接,这在主从数据表中非常常见。DataRow 包含一个 GetChildRows()方法。该方法可以从同一个 DataSet 的另一个表中把一组相关行返回为当前行。

2. 模式的生成

为 DataTable 创建模式有 3 种方式:让运行库来完成,通过编写代码创建表,使用 XML 模式生成器。这里只介绍前两种。

(1) 运行库生成模式

将前面的 DataRow 示例用下面的代码从数据库中选择数据,并生成一个 DataSet:

```
SqlDataAdapter da = new SqlDataAdapter(select, conn);
DataSet ds = new DataSet();
da.Fill(ds, "Customers");
```

这是很容易使用的,但也有几个缺点。例如,必须利用默认的列名来处理(这是可以的),但在某些情况下,还要把物理数据库的列(如 PKID)重新命名为一个用户友好性更高的名称。

当然,可以在 SQL 子句中给列指定别名,如 SELECT PID AS PersonID FROM PersonTable。但是最好不要在 SQL 中重新给列命名,因为列实际上只需要在屏幕上显示一个"可读性强"的名称即可。

自动生成 DataTable/DataColumn 的另一个潜在问题是不能控制运行库为列选择的数据类型。运行库可以确定正确的数据类型,但有时需要对此有更多的控制。例如,为给定的列定义枚举类型,以简化类的用户代码。如果接受运行库生成的默认列类型,该列就可能是一个 32 位的整数,而不是有预定选项的枚举。

最后,也是最有可能出现的问题,在使用自动生成的表时,不能对 DataTable 中的数据进行类型安全的访问——索引器就会返回 object 的实例,而不是派生的数据类型。

(2) 手工编码模式

用生成的代码来创建 DataTable,再用相关的 DataColumns 来填充是相当简单的。下面的示例将访问 Northwind 数据库中的 Products 表,如图 4-17 所示。

列名	数据类型	允许 Null 值
ProductID	int	☐
ProductName	nvarchar(40)	☐
SupplierID	int	☑
CategoryID	int	☑
QuantityPerUnit	nvarchar(20)	☑
UnitPrice	money	☑
UnitsInStock	smallint	☑
UnitsOnOrder	smallint	☑
ReorderLevel	smallint	☑
Discontinued	bit	☐
		☐

图 4 - 17

【例 4 - 13】　手工创建 DataTable（对应于图 4 - 17 所示的结构，但没有包含可为空的列）。代码如下：

```
public static void ManufactureProductDataTable(DataSet ds)
{
    DataTable products = new DataTable("Products");
    products.Columns.Add(new DataColumn("ProductID", typeof(int)));
    products.Columns.Add(new DataColumn("ProductName", typeof(string)));
    products.Columns.Add(new DataColumn("SupplierID", typeof(int)));
    products.Columns.Add(new DataColumn("CategoryID", typeof(int)));
    products.Columns.Add(new DataColumn("QuantityPerUnit", typeof(string)));
    products.Columns.Add(new DataColumn("UnitPrice", typeof(decimal)));
    products.Columns.Add(new DataColumn("UnitsInStock", typeof(short)));
    products.Columns.Add(new DataColumn("UnitsOnOrder", typeof(short)));
    products.Columns.Add(new DataColumn("ReorderLevel", typeof(short)));
    products.Columns.Add(new DataColumn("Discontinued", typeof(bool)));
    ds.Tables.Add(products);
}
```

可以改变 DataRow 示例中的代码，使用新生成的表定义：

```
string source = "server = .\\sql2008;integrated security = SSPI;database = northwind";
string select = "SELECT * FROM Products";
SqlConnection conn = new SqlConnection(source);
SqlDataAdapter da = new SqlDataAdapter(select, conn);
DataSet ds = new DataSet();
ManufactureProductDataTable(ds);
da.Fill(ds, "Products");
foreach (DataRow row in ds.Tables["Products"].Rows)
{
    Console.WriteLine("'{0}' from {1}", row[0], row[1]);
}
```

用 ManufactureProductDataTable()方法创建一个新的 DataTable，依次添加每个列，最后

把这个表添加到 DataSet 中的表清单上。DataSet 有一个索引器,它的参数是表名,给调用者返回该 DataTable。

上面的示例仍不是类型安全的,因为在列上使用了索引器来检索数据。最好是有一个类(或一组类)派生自 DataSet、DataTable 和 DataRow,为表、行和列定义类型安全的存取器。可以自己生成这段代码,这并不是特别乏味,最终将得到可以进行类型安全访问的类。

4.6.3 数据关系

在编写应用程序时,常常需要获取和缓存各种信息表。DataSet 类是这些信息的容器,一般使用 OLE DB 数据提供程序。另一方面,DataSet 类从一开始就是为建立数据表之间的关系而设计的。

【例 4 - 14】 手工生成并填充两个数据表。

代码如下:

```
DataSet ds = new DataSet("Relationshops");
ds.Tables.Add(new DataTable("Building"));
ds.Tables.Add(new DataTable("Room"));
ds.Relations.Add("Rooms", ds.Tables["Building"].Columns["BuildingID"],
        ds.Tables["Room"].Columns["BuildingID"]);
```

这两个表仅包含一个主键和名称字段,Room 表有一个 BuildingID 外键,如图 4 - 18 所示。

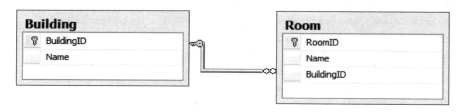

图 4 - 18

【例 4 - 15】 迭代 Building 表中的行,并遍历数据关系,列出 Room 表中所有的子行。

代码如下:

```
foreach (DataRow theBuilding in ds.Tables["Building"].Rows)
{
    DataRow[] children = theBuilding.GetChildRows("Room");
    int roomCount = children.Length;
    Console.WriteLine("Building {0} contains {1} room{2}",
        theBuilding["Name"], roomCount, roomCount > 1 ? "s" : "");

    foreach (DataRow theRoom in children)
    {
        Console.WriteLine("Room:{0}", theRoom["Name"]);
    }
}
```

DataSet 类和其他分层的旧 Recordset 对象之间的主要区别是关系显示的方式。在分层的 Recordset 对象中,关系显示为行中的一个伪列,这个列本身是一个可以迭代的 Recordset 对象。但在 ADO. NET 中,通过调用 GetChildRows() 方法就可以遍历关系,代码为

```
DataRow[] children = theBuilding.GetChildRows("Room");
```

该方法有许多形式,但上面的示例只使用关系的名称在父子行之间来回遍历。它返回一组数据行,使用前面示例中的索引器就可以更新这些行。

更有趣的数据关系是可以用两种方式遍历这些数据。在 DataTable 类上使用 ParentRelations 属性,可以从父数据行中找到子数据行,也可以在子记录中找到父数据行。这个属性返回一个 DataRelationCollection,该集合可以使用[]数组语法来索引,如 DataRelations ["Room"])。另外,GetChildRows() 方法也可以下面的方式进行调用:

```
foreach (DataRow theRoom in ds.Tables["Room"].Rows)
{
    DataRow[] parents = theRoom.GetParentRows("Room");
    foreach (DataRow theBuilding in parents)
    {
        Console.WriteLine("Room {0} is contained in building {1}",
            theRoom["Name"], theBuilding["Name"]);
    }
}
```

方法 GetParentRows(返回 0 行或多行数据)或 GetParentRow(根据给定的某种关系检索一个父行)都有许多重写版本,可以检索出父行。

4.6.4 数据约束

DataTable 擅长于改变在客户机上创建的列的数据类型。ADO. NET 允许在列上创建一些约束,对数据应用一些规则。

运行库目前支持表 4-11 所列的约束类型,它们包含在 System. Data 命名空间的类中。

表 4-11

约束类型	说　明
ForeignKeyConstraint	在 DataSet 的两个 DataTable 之间建立连接
UniqueConstraint	确保给定的列是唯一的

1. 设置主键

在关系数据库的表中可以提供一个主键,该主键可以基于 DataTable 中的一个或多个列。下面的代码为 Product 表创建了一个主键,其模式是前面手工构建的。

表上的主键只是约束的一种形式。当主键添加到 DataTable 中时,运行库也会对键码列生成一个唯一的约束。这是因为并没有 PrimaryKey 约束类型,主键是一个或多个列上的唯一约束。

```
public static void ManfacturePrimaryKey(DataTable dt)
```

```
    {
        DataColumn[] pk = new DataColumn[1];
        pk[0] = dt.Columns["ProductID"];
        dt.PrimaryKey = pk;
    }
```

因为主键可以包含几个列,所以它可以作为一组 DataColumn 键入。通过给表的一组列指定属性,就可以给这些列设置主键。

要检查表中的约束,可以迭代 ConstraintsCollection。上述代码自动生成的约束是 Constraint1,这个名称没有什么用,应避免这种情况,最好先在代码中创建约束,然后定义组成主键码的列。

创建主键前,下面的代码给约束命名:

```
DataColumn[] pk = new DataColumn[1];
pk[0] = dt.Columns["ProductID"];
dt.Constraints.Add(new UniqueConstraint("PK_Products", pk[0]));
dt.PrimaryKey = pk;
```

唯一约束可以应用到任意多个列上。

2. 设置外键

除了唯一约束外,DataTable 类还可以包含外键约束,它们主要用于建立主从关系,如果正确建立了约束,Foreign Key 约束还可以在表之间复制列。在主从关系的表中,常常有一个父记录(Order)和许多子记录(Order Line),它们是通过父记录的主键链接起来的。外键的约束只能用于同一个 DataSet 中的表。

【例 4 - 15】 使用 Northwind 数据库中的 Categories 表,给该表和 Products 表之间指定约束,如图 4 - 19 所示。

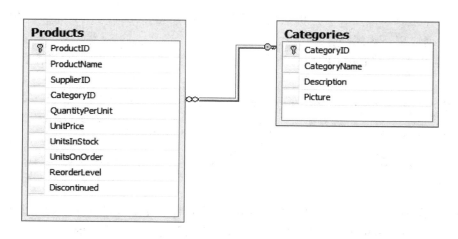

图 4 - 19

操作步骤如下:

1) 为 Categories 表生成一个新的数据表:

```
DataTable categories = new DataTable("Categories");
categories.Columns.Add(new DataColumn("CategoryID", typeof(int)));
categories.Columns.Add(new DataColumn("CategoryName", typeof(string)));
categories.Columns.Add(new DataColumn("Description", typeof(string)));
categories.Constraints.Add(new UniqueConstraint("FK_Categories",
    categories.Columns["CategoryID"]));
categories.PrimaryKey = new DataColumn[1]{categories.Columns["CategoryID"]};
```

上述代码的最后一行为 Categories 表创建了主键。在本例中,主键是一个单列,但可以使用数组语法在多个列上生成一个键码。

2) 在两个表之间创建约束:

```
DataColumn parent = ds.Tables["Categories"].Columns["CategoryID"];
DataColumn child = ds.Tables["Products"].Columns["CategoryID"];
ForeignKeyConstraint fk = new ForeignKeyConstraint("FK_Product_Category",parent, child);
fk.UpdateRule = Rule.Cascade;
fk.DeleteRule = Rule.SetNull;
ds.Tables["Products"].Constraints.Add(fk);
```

这个约束应用到 Categories. CategoryID 和 Products. CategoryID 之间的链接上。有 4 个不同的构造函数用于 ForeignKeyConstraint 类,但应使用可以给约束命名的构造函数。

3. 设置更新和删除约束

除了在父表和子表之间定义约束外,还可以在更新约束中的一个列时定义应执行的操作。

上面的示例设置了更新规则和删除规则,在对父表中的列(或行)执行某种操作时,使用这些规则,以确定应对子表中的行进行什么操作。通过 Rule 枚举可以应用 4 种不同的规则:

- Cascade:如果更新了父键,就应该把新的键值复制到所有的子记录上。如果删除了父记录,也将删除子记录,这是默认选项。
- Node:不造成任何操作,这个选项会留下子数据表中的孤立行。
- SetDefault:如果定义了一个子记录,那么每个受影响的子记录都把外键列设置为其默认值。
- SetNull:所有的子行都把主列设置为 DBNull。(按照 Microsoft 公司使用的命名约定,主列应是 SetDBNull)。

提示:如果 EnforceConstraints 属性为 true,约束就只能在 DataSet 中使用。

4.7　本章小结

本章介绍了 DataAdapter 和 DataSet 的概念,通过使用 DataAdapter 对信息的查询、数据集填充和修改,以及将数据的更改提交保存到数据源,和如何管理冲突。后半部分介绍了 DataSet 和 DataTable,以及如何给 DataTable 设置主键和外键。

思考与练习

1. 目前在 ADO. NET 中可以使用与下列哪些数据源相关的 DataAdapter?

A. SQL Server . NET 数据源   B. OLE DB . NET 数据源

C. XML 文件   D. ODBC . NET 数据源

2. DataAdapter 对象使用与_____属性关联的 Command 对象将 DataSet 修改的数据保存入数据源。

A. SelectCommand   B. InsertCommand

C. UpdateCommand   D. DeleteCommand

3. 已知有如下变量：

```
string strConn1 = "Provider = SQLOLEDB;Data Source = (local)\NetSDK;" +
"Initial Catalog = Northwind";
string strConn2 = "Data Source = (local)\NetSDK;" +
"Initial Catalog = Northwind;Provider = SQLOLEDB";
string strSql1 = "SELECT * FROM Customers";
string strSql2 = "SELECT * FROM Orders";
```

有下列 3 组语句：

（1）OleDbDataAdapter da1 = new OleDbDataAdapter(strSql1,strConn1);

OleDbDataAdapter da2 = new OleDbDataAdapter(strSql2,strConn1);

调用 da1、da2 将数据下载到数据集

（2）OleDbDataAdapter da1 = new OleDbDataAdapter(strSql1,strConn1);

OleDbDataAdapter da2 = new OleDbDataAdapter(strSql2,strConn2);

调用 da1、da2 将数据下载到数据集

（3）OleDbConnection conn = new OleDbConnection(strConn1);

OleDbDataAdapter da1 = new OleDbDataAdapter(strSql1,conn);

OleDbDataAdapter da2 = new OleDbDataAdapter(strSql2,conn);

调用 da1、da2 将数据下载到数据集

则执行效率最低的一组语句是_____。

A. （1）   B. （2）   C. （3）   D. 都一样

4. 为了提高性能，在使用 DataAdapter 填充 DataSet 前，可以将_____属性值设为 false。

A. DataSet 对象的 EnforceConstraints

B. DataSet 对象的 CaseSensitive

C. DataAdapter 对象的 AcceptChangesDuringFill

D. DataAdapter 对象的 MissingSchemaAction

5. 为了控制 DataAdapter 的 Fill 方法如何在填充数据之前向 DataSet 加载数据源架构信息，可在调用该方法前，将 DataAdapter 的 MissingSchemaAction 属性设为_____，使得 Fill 方法在填充数据前，向 DataSet 架构添加额外的表和列，并且给 DataTable 添加主键信息。

A. Add   B. AddWithKey   C. Error   D. Ignore

6. da 为 DataAdapter 对象，其 SeclectCommand 的查询字符串为

```
Select * From Customers
```

da 的 TableMappings 集合中包含一个 DataTableMapping 对象,代码如下:

```
DataTableMapping dcm = da.TableMappings.Add("Customers","dtCustomers");
dcm.ColumnMappings.Add("CustomerID","dtCustomerID");
dcm.ColumnMappings.Add("CustomerName","dtCustomerName");
dcm.ColumnMappings.Add("Address","dtAddress");
```

数据集 ds 中已包含一个名为 dtCustomers 的数据表,该表包含 3 个数据列,列名分别为 dtCustomerID、dtCustomerName、dtAddress;另一方面,数据库中包含一个名为 Customers 的数据表,该表包含 3 个数据列,列名分别为 CustomerID、CustomerName、Address。请问:若调用以下代码结果如何?

```
da.FillSchema(ds,SchemaType.Source,"Customers");
```

A. 目标数据集中包含 1 个数据表,表名"Customers"

B. 目标数据集中包含 1 个数据表,表名"dtCustomers"

C. 目标数据集中包含 1 个数据表,表名"Table"

D. 目标数据集中包含 2 个数据表,表名"Customers"、"dtCustomers"

E. 目标数据集中包含 2 个数据表,表名"Table"、"dtCustomers"

F. 触发异常

7. 在 ADO.NET 编程中,能否使用一个 DataAdapter 对象向多个 DataTable 填充数据?

A. 能　　　　　　　　　　　　　　B. 不能

8. 为断开连接的应用程序提供对 Microsoft SQL Server 2008 数据库的只读访问,应如何创建和配置 DataAdapter?

9. 使用 DataAdapter 填充 DataSet 的最有效方式是什么?

10. 如何配置 DataAdapter,以允许根据 DataSet 的内容更新数据源?

11. 如何更改数据并持久保存到数据源? 如何控制不同类型的更改进行持久保存的顺序?

12. 当在断开连接的应用程序中更新数据源时,会出现什么类型的冲突? 如何发现并解决这些冲突?

13. 使用 DataAdapter 填充 DataSet 的最有效方式是什么?

14. 如何配置 DataAdapter,以允许根据 DataSet 的内容更新数据源?

第 5 章 使用 DataGridView 操作数据

本章要点：

➢ 使用 DataGridView 控件

➢ 给 DataGridView 控件绑定不同数据源

➢ 在 DataGridView 上实现查询、修改、删除

5.1 DataGridView 控件简介

.NET 最初版本中的 DataGrid 控件有强大的功能，但在许多方面，它都不适用于商业应用程序，例如不能显示图像、下拉控件或锁定列等。该控件给人的感觉是只完成了一半，所以许多控件厂商都提供了定制的栅格控件，提供更多的功能。

在.NET 2.0 中有了新版本的 DataGrid 控件，名叫 DataGridView。它解决了 DataGrid 控件最初的许多问题，还增加了许多插件产品中使用的功能。

新的 DataGridView 控件具有与 DataGrid 类似的绑定功能，除了可以绑定到 Array、DataTable、DataView 或 DataSet 类，还可以绑定实现了 IListSource 或 IList 接口的集合对象。在最简单的情况下，设置 DataSource 和 DataMember 属性，就可以显示数据。需要注意的是，这个新控件并不是 DataGrid 的插件替代品，所以其编程接口完全不同于 DataGrid。

5.2 DataGridView 的数据源

5.2.1 显示 DataTable 中的数据

在第 4 章中讲解了用向导的方式填充 DataSet，然后在 DataGridView 中进行显示。在此，利用代码操作的方式来填充 DataSet，然后通过 DataGridView 进行显示。

【例 5-1】 使用 DataGridView 显示 DataSet 中的数据。

操作步骤如下：

1）打开 Microsoft Visual Studio 2010，新建一个项目，命名为 Chap5。

2）在窗体上放置一个 DataGridView，命名为 dgvEmployees。

3）在窗体的 Load 事件中添加如下代码：

```
//创建要使用的对象
string strCon = string.Empty;
string strSql = string.Empty;
SqlConnection con = null;
SqlDataAdapter da = null;
DataSet ds = null;
```

```
try
{
    strCon = "server = .\\sql2008;integrated security = SSPI;database = northwind";    //连接字符串
    con = new SqlConnection(strCon);//实例化数据连接
    strSql = "SELECT * FROM Employees";
    da = new SqlDataAdapter(strSql, con);//实例化 SqlDataAdapter 对象
    ds = new DataSet();
    da.Fill(ds);//利用 SqlDataAdapter 的 Fill 方法填充数据集
    //将 DataSet 中的第"1"张表取出赋予 DataGridView 的数据源上,也可将这两句代码改为
    //da.Fill(ds,"dtEmployees");
    //dgvEmployees.DataSource = ds.Tables["dtEmployees"];
    //这两句表示 SqlDataAdapter 在填充 DataSet 时赋予了表名"dtEmployees",因此在访问 DataSet
    //中的表时可以采用"dtEmployees"
    dgvEmployees.DataSource = ds.Tables[0];
}
catch (Exception ex)
{
    MessageBox.Show(ex.Message);
}
finally
{   //如果连接不为空并且为打开状态,就关闭它
    if (con ! = null && con.State = = ConnectionState.Open)
        con.Close();
}
```

4) 按 F5 键运行程序,读出的数据显示在了 DataGridView 中,如图 5 - 1 所示。

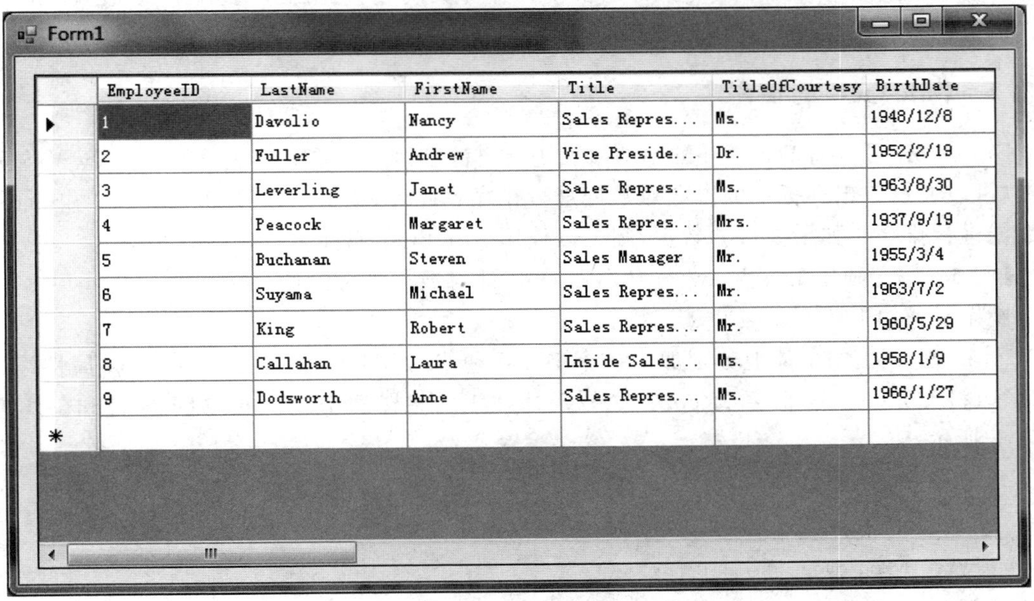

图 5 - 1

5)查看发现,在图 5-1 的 DataGridView 中显示的列表表头为英文,如果想显示为中文,可以将 SQL 语句改为

```
strSql = "SELECT EmployeeID AS 雇员编号,LastName AS 姓氏,FirstName AS 名字,Country AS 国家,
BirthDate AS 出生日期 FROM Employees";
```

6)按 F5 键运行程序,结果如图 5-2 所示。

雇员编号	姓氏	名字	国家	出生日期
1	Davolio	Nancy	USA	1948/12/8
2	Fuller	Andrew	USA	1952/2/19
3	Leverling	Janet	USA	1963/8/30
4	Peacock	Margaret	USA	1937/9/19
5	Buchanan	Steven	UK	1955/3/4
6	Suyama	Michael	UK	1963/7/2
7	King	Robert	UK	1960/5/29
8	Callahan	Laura	USA	1958/1/9
9	Dodsworth	Anne	UK	1966/1/27

图 5-2

此案例中可以发现,在填充数据集之前并没有打开数据连接,但是程序也可以正常执行成功,这是因为 SqlDataAdapter 对象可以自动打开与关闭连接。因此,此案例中最后 finally 部分中的关闭连接的代码也是可以省略的,大家不妨一试。

5.2.2 DataView 的使用

DataView 可以对 DataTable 中的数据进行过滤和排序操作。在 DataGridView 中显示的数据,可以通过单击列标题的方式对数据进行排序。此外,还可以通过 DataView 的 Sort 属性对数据进行排序。如果要过滤数据,则可以使用 RowFiler 属性。

【例 5-2】 利用 DataView 的 RowFiler 属性对数据进行筛选。

操作步骤如下:

1)在例 5-1 的窗体上分别加入一个 Label 和 ComboBox,将 Label 的 Text 属性设置为"国家",将 ComboBox 命名为 cboCountry,并在 Items 属性中加入选项【USA】和【UK】,如图5-3所示。

2)在窗体的 Load 事件外添加一个 DataView 的声明,代码如下:

```
//创建一个 DataView 对象
DataView dvEmployees = new DataView();
```

3)修改例 5-1Load 事件中的代码:

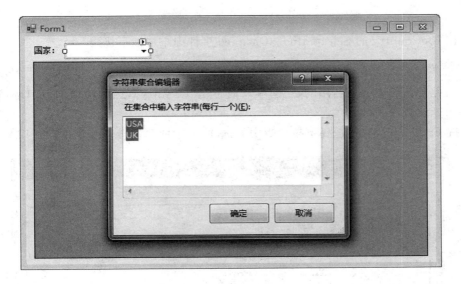

图 5 - 3

```
string strCon = string.Empty;
string strSql = string.Empty;
SqlConnection con = null;
SqlDataAdapter da = null;
DataSet ds = null;

try
{
    strCon = "server = .\\sql2008;integrated security = SSPI;database = northwind";
    con = new SqlConnection(strCon);
    strSql = "SELECT EmployeeID AS 雇员编号,LastName AS 姓氏,FirstName AS 名字,Country AS 国家,
    BirthDate AS 出生日期 FROM Employees";
    da = new SqlDataAdapter(strSql, con);
    ds = new DataSet();
    da.Fill(ds,"dtEmployees");
    //指定 DataView 的源数据表为"dtEmployees"
    dvEmployees.Table = ds.Tables["dtEmployees"];
    //将 DataView 对象赋到 DataGridView 的数据源上
    dgvEmployees.DataSource = dvEmployees;
}
catch (Exception ex)
{
    MessageBox.Show(ex.Message);
}
finally
{
    if (con != null && con.State == ConnectionState.Open)
        con.Close();
```

```
}
```

4）在 cboCountry 的 SelectedIndexChanged 事件中添加如下代码：

```
dvEmployees.RowFilter = string.Format("国家 = '{0}'",cboCountry.SelectedItem.ToString());
```

注意：此行代码中的列名用的是"国家"，而不是"Country"，因为前面的 SQL 语句中已经将"Country"设置成了"国家"。

5）按 F5 键运行程序，选择下拉列表中的选项，显示的数据会自动变化，如图 5-4 所示。

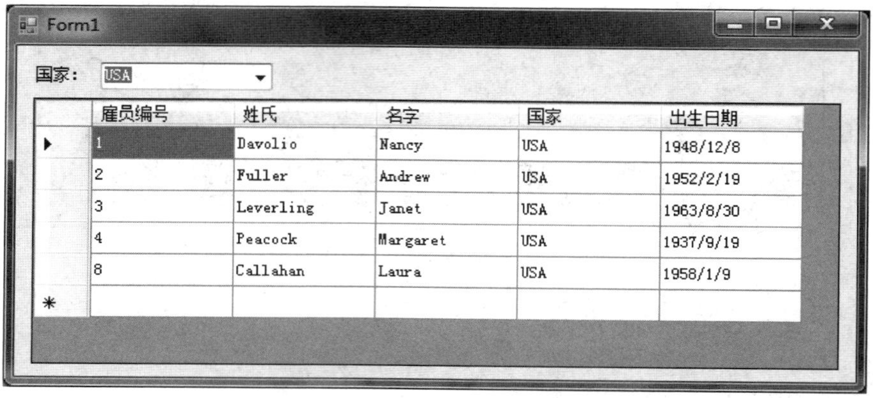

图 5-4

其中，RowFilter 属性值的写法和 SQL 语句中 WHERE 条件后的写法一样，本例中想按照"国家"进行筛选，因此写为"国家＝'值'"。

【例 5-3】 使用 DataView 对数据排序。

操作步骤如下：

1）在例 5-2 的窗体上添加一个按钮，命名为 btnSort，Text 属性设置为"姓氏升序"，如图 5-5 所示。

图 5-5

2）在 btnSort 的 Click 事件中添加如下代码：

```
dvEmployees.Sort = "姓氏 ASC";
dgvEmployees.DataSource = dvEmployees;
```

注意：此处的 Sort 属性值的写法实际上就是 SQL 语句中 ORDER BY 后面的部分，而"姓氏"是原 SQL 语句中 AS 过后的列名，如果 SQL 语句中没有 AS，则直接用原列名。

3）按 F5 键运行程序，单击【姓氏升序】按钮，结果如图 5-6 所示。

图 5 - 6

此处就利用 DataView 实现了排序功能,如果想按照其他字段排序,换掉 Sort 属性值中的字段即可,要排降序就用 DESC 关键字。

5.2.3　显示集合中的数据

DataGridView 的数据源还支持另一种对象,实现了 IList 接口的数据集合。目前,这种用法较为常见,而且也更加符合面向对象的思想,下面就来介绍此种用法。

【例 5 - 4】　DataGridView 绑定数据集合。

操作步骤如下:

1) 在 Chap5 项目中添加一个类,命名为 Student,并添加 4 个属性和 2 个构造函数,代码如下:

```
class Student
{
    /// <summary>
    /// 学号
    /// </summary>
    public int StudentID { get; set; }

    /// <summary>
    /// 姓名
    /// </summary>
    public string StudentName { get; set; }

    /// <summary>
```

```
        /// 年龄
        /// </summary>
        public int Age { get; set; }

        /// <summary>
        /// 所在地
        /// </summary>
        public string City { get; set; }

        /// <summary>
        /// 无参构造函数
        /// </summary>
        public Student()
        {

        }

        /// <summary>
        /// 带参构造函数
        /// </summary>
        /// <param name = "studentID">学号</param>
        /// <param name = "studentName">姓名</param>
        /// <param name = "age">年龄</param>
        /// <param name = "city">所在地</param>
        public Student(int studentID, string studentName, int age, string city)
        {
            this.StudentID = studentID;
            this.StudentName = studentName;
            this.Age = age;
            this.City = city;
        }
    }
```

2) 在 Form1 类的 Load 事件前声明一个泛型集合对象,代码如下:

```
IList<Student> MyStudents = new List<Student>();
```

注意:因为 List 类是实现了 IList 接口的,因此可以这样声明。

3) 在 Form1 类中添加一个方法 InitData,代码如下:

```
private void InitData()
{
    //创建 4 个学员对象
    Student Tommy = new Student(1, "Tommy", 20, "北京");
    Student Jack = new Student(2, "Jack", 19, "天津");
    Student Kate = new Student(3, "Kate", 20, "上海");
    Student Lily = new Student(4, "Lily", 20, "成都");
```

```
    //将学员加入 MyStudents 集合中
    MyStudents.Add(Tommy);
    MyStudents.Add(Jack);
    MyStudents.Add(Kate);
    MyStudents.Add(Lily);
}
```

4）切换到 Form1 窗体的设计界面，单击 DataGridView 右上角的小三角，选择【编辑列】，如图 5 - 7 所示。

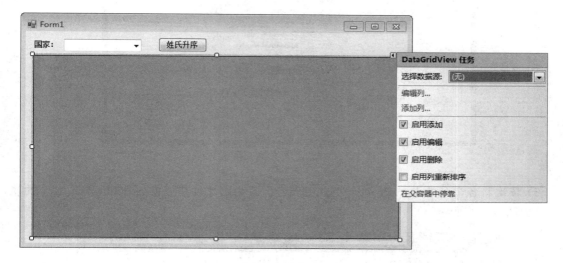

图 5 - 7

5）在【编辑列】对话框中单击【添加】按钮，在弹出的【添加列】对话框中输入列名称和页眉文本，类型使用默认的 DataGridViewTextBoxColumn，单击【添加】按钮，如图 5 - 8 所示。

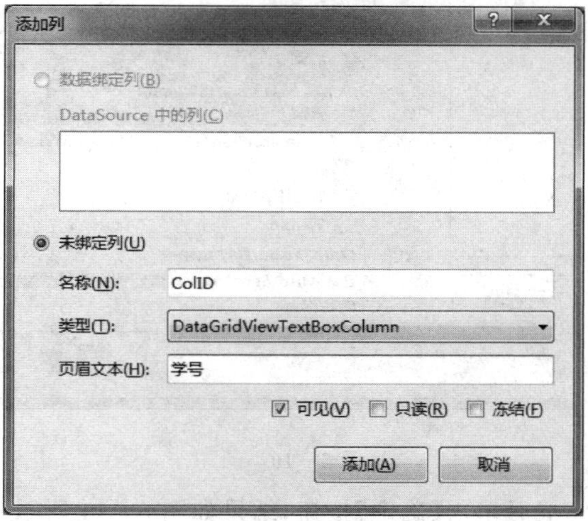

图 5 - 8

6）在【编辑列】对话框中再依次添加姓名、年龄、所在地 3 列，添加完成后如图 5-9 所示。

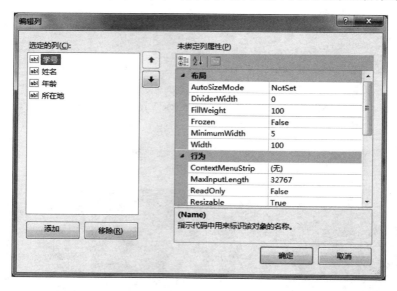

图 5-9

7）依次将各个列的 DataPropertyName 属性设置为刚才创建好的 Student 类中对应的属性名，如图 5-10 所示。

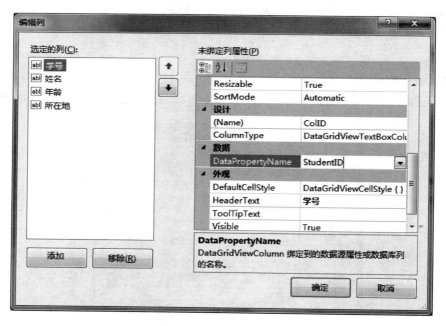

图 5-10

8）所有列全部设置完成后单击【确定】按钮，结果如图 5-11 所示。

9）将原来窗体 Load 事件中的代码注释掉，并添加如下代码：

```
InitData();
```

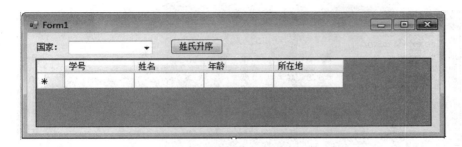

图 5 - 11

```
dgvEmployees.DataSource = MyStudents;
```

10）按 F5 键运行程序，结果如图 5 - 12 所示。

图 5 - 12

在这个示例中，自定义了一个 Student 类，然后创建了 4 个 Student 类的对象，并将它们加入到了一个"List＜T＞"的泛型集合中，而 DataGridView 显示的数据就是来自于这个泛型集合。

5.3　使用 DataGridView 操作数据

5.3.1　编辑数据

在第 4 章中讲解了用 SqlDataAdapter 的 Update 方法修改数据，但是那种方法有一定的局限性，不够灵活，因此在企业开发中一般很少使用。下面介绍一种通用的修改数据的方法。

【例 5 - 5】　使用 SQL 语句修改 DataGridView 中的数据。

操作步骤如下：

1）在 Chap5 中新建一个窗体 Form2，添加一个 DataGridView 控件，命名为 dgvEmployees，然后添加一个 ContextMenuStrip 右键菜单，加入编辑和删除两个菜单项，分别命名为 msiEdit 和 msiDelete，并设置 dgvEmployees 的 ContextMenuStrip 属性为 contextMenuStrip1。这样，就为 dgvEmployees 添加了一个右键菜单，如图 5 - 13 所示。

2）在 Form2 的窗体类中添加一个加载数据的方法 LoadData，然后在 Load 事件中添加该方法的调用，代码如下：

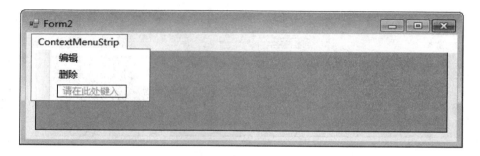

图 5 - 13

```
private void LoadData()
{
    string strCon = string.Empty;
    string strSql = string.Empty;
    SqlConnection con = null;
    SqlDataAdapter da = null;
    DataSet ds = null;

    try
    {
        strCon = "server = .\\sql2008;integrated security = SSPI;database = northwind";
        con = new SqlConnection(strCon);
        strSql = "SELECT EmployeeID,LastName,FirstName,Country,BirthDate FROM Employees";
        da = new SqlDataAdapter(strSql, con);
        ds = new DataSet();
        da.Fill(ds);
        dgvEmployees.DataSource = ds.Tables[0];
    }
    catch (Exception ex)
    {
        MessageBox.Show(ex.Message);
    }
}


private void Form2_Load(object sender, EventArgs e)
{
    LoadData();
}
```

3）在 Chap5 中新建一个窗体 Form3,添加如图 5 - 14 所示的控件,将【雇员编号】后的 Label控件命名为 lblEmployeeID,因为该 ID 不可修改,所以用 Label,【姓氏】、【名字】和【国家】后的文本框分别命名为 txtLastName、txtFirstName、txtCountry,日期控件命名为 dtp-Birthday,【保存】和【取消】两个Button分别命令为 btnSave 和 btnCancel。

4）在 Form3 窗体类中声明一个 int 类型的EmployeeID变量,然后添加一个构造函数,代码如下：

```csharp
public Form3(int employeeID)
{
    InitializeComponent();
    this.EmployeeID = employeeID;
}
```

图 5 - 14

其中，EmployeeID 用于将 Form2 中的 EmployeeID 传入本窗体。

5）然后在 Form3 的 Load 事件中添加代码，用于将某一雇员编号的雇员信息读取出来，然后显示在 Form3 的各个控件中。添加的代码如下：

```csharp
string strCon = string.Empty;
string strSql = string.Empty;
SqlConnection con = null;
SqlCommand cmd = null;
SqlDataReader reader = null;
try
{
    strCon = "server = .\\sql2008;integrated security = SSPI;database = northwind";
    con = new SqlConnection(strCon);
    strSql = string.Format("SELECT EmployeeID,LastName,FirstName,Country,BirthDate FROM
    Employees WHERE EmployeeID = {0}", EmployeeID);
    cmd = new SqlCommand(strSql, con);
    con.Open();
    reader = cmd.ExecuteReader();
    while (reader.Read())
    {
        lblEmployeeID.Text = reader["EmployeeID"].ToString();
        txtLastName.Text = reader["LastName"].ToString();
        txtFirstName.Text = reader["FirstName"].ToString();
        txtCountry.Text = reader["Country"].ToString();
        dtpBirthday.Value = Convert.ToDateTime(reader["BirthDate"]);
    }
}
catch (Exception ex)
{
    MessageBox.Show(ex.Message);
}
finally
{
    if (reader ! = null)
        reader.Close();
    if (con ! = null && con.State = = ConnectionState.Open)
```

```
        con.Close();
    }
```

6) 双击 Form2 中右键菜单的【编辑】,添加如下代码:

```
if (dgvEmployees.SelectedRows.Count <= 0)        //用于判断是否选中了 DataGridView 中的一行
{
    MessageBox.Show("请选中一行进行操作");
    return;
}
int empID = Convert.ToInt32(dgvEmployees.SelectedRows[0].Cells[0].Value);
Form3 fmEdit = new Form3(empID);        //将 EmployeeID 传入 Form3 中
fmEdit.ShowDialog();
LoadData();        //窗体关闭后刷新 DataGridView 中的数据
```

7) 按 F5 键运行程序,在 DataGridView 中选中一条记录,然后单击右键菜单中的【编辑】按钮,该条数据被读出并显示在窗体的各个控件中,如图 5 - 15 所示。

图 5 - 15

8) 回到 Form3 的设计界面,双击【保存】按钮,添加如下代码:

```
string strCon = string.Empty;
string strSql = string.Empty;
SqlConnection con = null;
SqlCommand cmd = null;
try
{
    strCon = "server = .\\sql2008;integrated security = SSPI;database = northwind";
    con = new SqlConnection(strCon);
    strSql = string.Format("UPDATE Employees SET LastName = '{0}',FirstName = '{1}',Country = '{2}',
    BirthDate = '{3}' WHERE EmployeeID = {4}",
    txtLastName.Text, txtFirstName.Text, txtCountry.Text, dtpBirthday.Value.ToShortDateString(),
```

```
            EmployeeID);
            cmd = new SqlCommand(strSql, con);
            con.Open();
    cmd.ExecuteNonQuery();
    MessageBox.Show("修改成功!");
    this.Close();
    }
    catch (Exception ex)
    {
            MessageBox.Show(ex.Message);
    }
    finally
    {
            if (con != null && con.State == ConnectionState.Open)
                con.Close();
    }
```

9）在 Form3 的设计界面中，双击【取消】按钮，添加关闭窗体的代码：

```
this.Close();
```

10）按 F5 键运行程序，在 DataGridView 中选中第一条记录，然后单击右键菜单中的【编辑】，在新窗体中将【国家】修改为中国，如图 5 - 16 所示。

图 5 - 16

11）单击【保存】按钮，然后在【修改成功】对话框中单击【确定】按钮，可见 DataGridView 中 Country 一栏的数据已经被修改成"中国"，如图 5 - 17 所示。

至此，在新窗体中修改数据的操作已经完成。在此案例中用到了利用窗体构造函数传值，然后根据传递的 ID 读出本条数据，并显示在窗体的相关控件上，修改完成后单击【保存】按钮即可自动完成 DataGridView 的刷新。

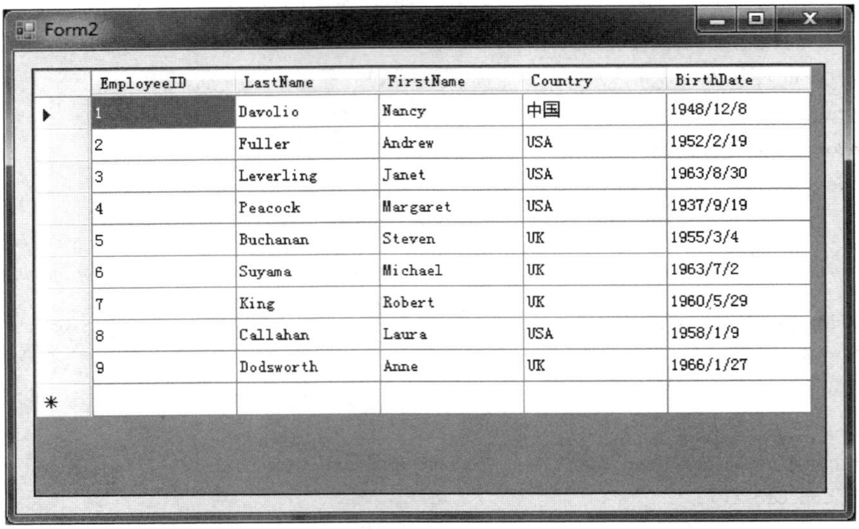

	EmployeeID	LastName	FirstName	Country	BirthDate
▶	1	Davolio	Nancy	中国	1948/12/8
	2	Fuller	Andrew	USA	1952/2/19
	3	Leverling	Janet	USA	1963/8/30
	4	Peacock	Margaret	USA	1937/9/19
	5	Buchanan	Steven	UK	1955/3/4
	6	Suyama	Michael	UK	1963/7/2
	7	King	Robert	UK	1960/5/29
	8	Callahan	Laura	USA	1958/1/9
	9	Dodsworth	Anne	UK	1966/1/27
*					

图 5-17

5.3.2 删除数据

【例 5-6】 删除 DataGridView 中的数据。

操作步骤如下:

1) 打开 MS SQL Server 2008,新建一个查询,输入以下代码,用于将 Employees 表中的记录查出并加入一张新表 NewEmployees。

```
USE Northwind
SELECT * INTO NewEmployees FROM Employees
```

2) 在例 5-5 的 Form2 中,双击右键菜单中的【删除】命令,添加如下代码:

```
string strCon = string.Empty;
string strSql = string.Empty;
int EmployeeID;
SqlConnection con = null;
SqlCommand cmd = null;

try
{
    if (dgvEmployees.SelectedRows.Count <= 0)
    {
        MessageBox.Show("请选中一行进行操作");
        return;
    }
    EmployeeID = Convert.ToInt32(dgvEmployees.SelectedRows[0].Cells[0].Value);

    strCon = "server=.\\sql2008;integrated security=SSPI;database=northwind";
```

```
    con = new SqlConnection(strCon);
    strSql = string.Format("DELETE FROM NewEmployees WHERE EmployeeID = {0}", EmployeeID);
    cmd = new SqlCommand(strSql, con);
    con.Open();
    cmd.ExecuteNonQuery();
    MessageBox.Show("删除成功!");
    LoadData();
}
catch (Exception ex)
{
    MessageBox.Show(ex.Message);
}
finally
{
    if (con ! = null && con.State = = ConnectionState.Open)
        con.Close();
}
```

3）将 Form2 的 LoadData 方法中的 SQL 语句改为以下内容：

SELECT EmployeeID,LastName,FirstName,Country,BirthDate FROM NewEmployees

4）按 F5 键运行程序，选中一条 DataGridView 中的记录，右键单击【删除】，弹出对话框，如图 5－18 所示。

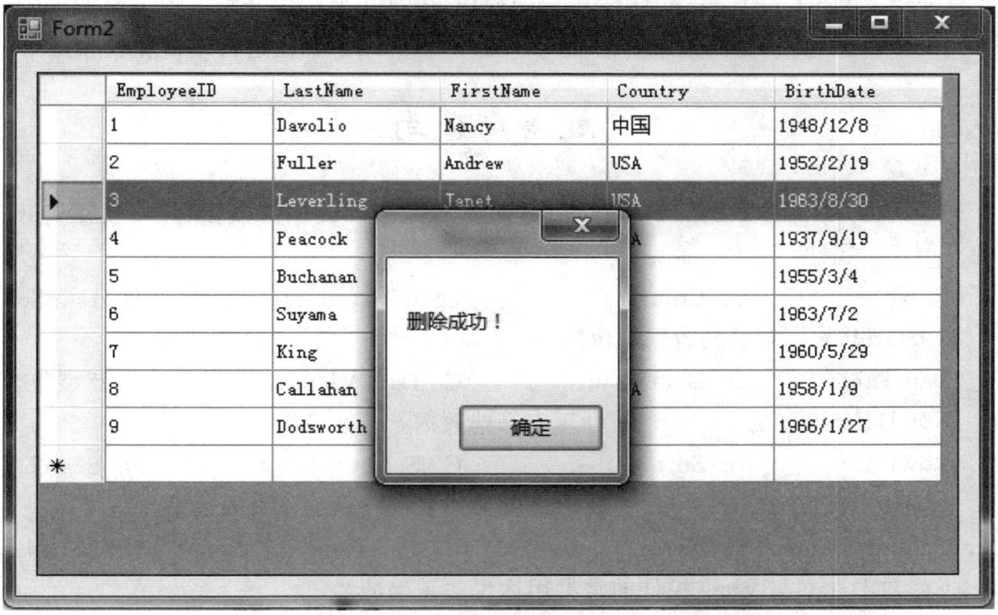

图 5－18

5）单击【确定】按钮，第三条记录被成功删除，同时从 DataGridView 中删除，如图 5－19 所示。

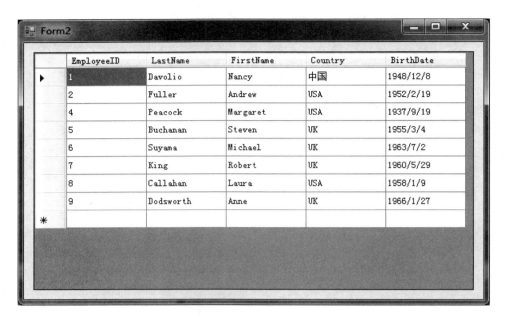

图 5-19

5.4 本章小结

本章介绍了 DataGridView 和 DataView 的使用,通过几个示例分别演示了给 DataGridView 绑定不同的数据源,特别是泛型集合的使用。另外,还介绍了如何进行编辑和删除操作。

思考与练习

1. 在 ADO. NET 中,为访问 DataTable 对象从数据源提取的数据行,可使用 DataTable 对象的_____属性。

A. Rows   B. Columns   C. Constraints   D. DataSet

2. DataGridView 有效的数据源包括_____。

A. DataTable   B. DataView   C. DataAdapter   D. 泛型集合

3. 下列 DataView 的_____属性用来筛选数据?

A. RowFiler   B. Sort   C. Select   D. Search

4. 将 DataGridView 的_____属性设置为列名可以显示该列的数据。

A. ColumnName   B. Name   C. DataPropertyName   D. DataName

5. 下列对 DataGridView 控件的常见用途说法正确的是_____。

A. 显示数据集中的单个数据表   B. 显示多个表的数据

C. 只能显示单个表的数据   D. 可以直接连接到数据库显示数据

6. 下列中_____属性用于绑定 DataGridView 的数据源。

A. DataMember   B. DataSource   C. DataBindings   D. CurrentRowIndex

7. DataView 对象的特性有_____。

A. 只能访问单个 DataTable 表

B. 可以作为连接两个相关表的手段

C. 不能进行排序

D. 可以根据记录的版本、状态进行筛选

8. DataTable 和 DataView 之间有何不同？

第6章 使用 ADO.NET 对象管理数据

本章要点：
➤ 编辑数据集中的数据
➤ 更改数据并保存到数据源

6.1 编辑和更新数据源数据的过程

在 ADO.NET 结构已断开连接的情况下，编辑和更新数据源结构的过程有 4 个独立的阶段：数据检索—编辑数据—更新数据源—更新数据集。

首先，要把数据从数据源中检索出来，放在内存中，或者显示给用户。典型的做法是通过 DataAdapter 的 Fill 方法来填充 DataSet 的 DataTable。但前面介绍过，也可以通过 Command 和 DataReader 来检索数据。

然后，按要求修改数据。数据的值可能会改变，也可能会有新的行加入，而现有的行也有可能被删除。修改数据可以用可编程控件实现，或者通过 Windows 窗体和 Web 窗体的数据绑定机制实现。

本章将探讨在可编程控件下如何修改数据。在 Windows 窗体中，数据绑定机制只传输从控件（数据绑定在该控件上）到 DataSet 的修改，没有其他操作。在 Web 窗体上，数据的任何修改都要提交到服务器中。

如果要对数据在内存中的副本不断作出修改，这些改变都必须传递到数据源。要是用数据集来管理内存中的数据，那么传递到数据源的操作可通过 DataAdapter 对象的 Update 方法完成，或者利用 Command 对象来直接提交修改。

最后，可以更新 DataSet 以反映数据源的最新状态。这一操作可以通过 DataSet 或 DataTable 的 AcceptChanges 方法实现。DataAdapter 的 Fill 和 Update 方法都可自动调用 AcceptChanges。如果需要直接执行数据命令，必须显示地调用 AcceptChanges 来更新 DataSet 的状态。

6.2 数据行的状态和版本

DataSet 中数据更改的信息可以通过两种方式记录和维护：一种是对行的状态作出标记，指示该行是否已被修改；另一种是保留 DataRow 的多个版本。利用这些更改信息，进程可以确定 DataSet 中有哪些修改，并将这些修改发送到数据源。

6.2.1 行的状态

DataTable 中的每一行都是通过 DataRow 对象呈现的，DataRow 对象主要作为 DataTable 对象的 Rows 集合的一个元素而存在。行的状态信息存储在 DataRow 对象的 RowState 属性中,见表 6-1。该属性的取值范围由 DataRowState 枚举。

表 6-1

RowState 属性	枚举值	说　明
Added	4	该行已作为一项添加到 DataRowCollection
Deleted	8	已使用 DataRow 对象 DataRow.Delete 方法删除该行
Detached	1	已创建该行,但它不是任何 DataRowCollection 的一部分
Modified	16	该行的列值已被修改
Unchanged	2	自上次调用 AcceptChanges 方法后,该行未更改

在调用 DataAdapter 的 Fill 或 Update 方法,或者在程序代码中显式地调用 AcceptChanges后,DataSet 中所有行的 RowState 属性值都被设置为 Unchanged;

在 Unchangded 状态下,任何对 DataRow 内容的修改都会使 RowState 值变为 Modified;

用 Add 方法新添加到 DataSet 中的行,状态值为 Added,且不论其内容在下一次调用 AcceptChanges前发生了什么变化,其状态值不变;

用 Delete 方法删除的行,RowState 值为 Deleted;

有的 DataRow 不属于任何一个表,RowState 值为 Detached;

无论是 Added、Modified,还是 Deleted,都只表示 DataRow 在 DataSet 中的状态,再次调用 AcceptChanges 方法后,这些操作才会真正在数据库上进行。

6.2.2　行的版本

DataSet 维护 DataRow 的多个版本,这些版本的取值范围由 DataRowVersion 枚举,并由 RowVersion 属性表达,见表 6-2。

表 6-2

RowVersion 属性	枚举值	说　明
Current	512	当前值
Default	1 536	默认值
Original	256	初始值
Proposed	1 024	建议值

DataRow 的当前版本包含自上次调用 AcceptChanges 方法后对记录所执行的所有修改,如果该行已被删除,则没有当前版本。

DataRow 的默认版本只有当其列在构造时设定了默认值才有,即 DataRow 对象的 Item 属性中参数的默认值。

DataRow 的初始版本是在 DataSet 中最后一次提交更改时数据的副本。实际上,它通常是从数据源中读取的数据,因此不会改变。

更新过程当中(即在调用 BeginEdit 方法和调用 EndEdit 方法之间)临时可用数据的建议版本。通常在事件(如 RowChanging)处理程序中访问数据的建议版本。CancelEdit 方法将撤销更改并删除 DataRow 的建议版本。

6.2.3 范例程序

本章的范例程序将显示一个 DataSet 的初始值和当前值。该 DataSet 基于 Student 数据库中的 StudentDataTable。显示所采用的方法基于 Windows 窗体的 BindingContext 对象,这里给出具体的操作步骤和显示这些值的代码。本章所有例子都使用这个范例程序的窗体设计器,如图 6-1 所示。

1) 从【文件】菜单中新建项目,项目类型为 Visual C♯,项目模板选择 Windows 应用程序,项目名称为 Chap6。

2) 在【窗体设计器】中显示窗体,修改窗体属性并向窗体添加控件,各控件属性如表 6-3 所列。

3) 在本窗体类的代码中声明一个数据连接、一个数据适配器和一个数据集。代码如下:

```
SqlConnection cnStudent = null;
SqlDataAdapter daStudent = null;
DataSet dsStudent = null;
```

4) 在窗体的 Load 事件中添加读取数据的代码:

```
cnStudent = new SqlConnection("server = .\\sql2008;integrated security = SSPI;database = Students");
string strSql = "SELECT * FROM Student";
daStudent = new SqlDataAdapter(strSql, cnStudent);
dsStudent = new DataSet();
daStudent.Fill(dsStudent, "Student");
UpdateDisplay();
```

表 6-3 所列为控件属性。

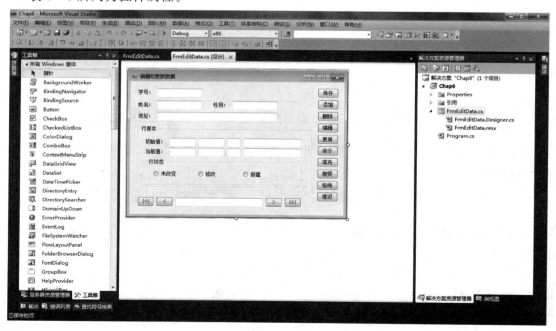

图 6-1

表 6 - 3

控件名称	属性	属性值	控件名称	属性	属性值
TextBox1	Name	txtStuID	RadioButton1	Name	RbtnUnchanged
	Text	空		Text	未改变
TextBox2	Name	txtName	RadioButton2	Name	RbtnModified
	Text	空		Text	修改
TextBox3	Name	txtSex	RadioButton3	Name	rbtnNew
	Text	空		Text	新建
TextBox4	Name	txtAddr	GroupBox1	Name	grpRowVer
	Text	空		Text	行版本
TextBox5	Name	txtOriginalID	GroupBox2	Name	grpRowStatus
	Text	空		Text	行状态
TextBox6	Name	txtOriginalName	Button1	Name	BtnSave
	Text	空		Text	保存
TextBox7	Name	txtOriginalSex	Button2	Name	btnAdd
	Text	空		Text	添加
TextBox8	Name	txtOriginalAddr	Button3	Name	btnDelete
	Text	空		Text	删除
TextBox9	Name	txtCurrentID	Button4	Name	btnEdit
	Text	空		Text	编辑
TextBox19	Name	txtCurrentName	Button5	Name	btnUpdate
	Text	空		Text	更新
TextBox11	Name	txtCurrentSex	Button6	Name	btnCommand
	Text	空		Text	命令
TexbBox12	Name	txtCurrentAddr	Button7	Name	bntFill
	Text	空		Text	填充
TextBox13	Name	txtPosition	Button8	Name	btnAccept
	Text	空		Text	接受
Label1	Name	lblStuID	Button9	Name	btnReject
	Text	学号		Text	拒绝
Label2	Name	lblStuName	Button10	Name	btnDefer
	Text	姓名		Text	推迟
Labe3	Name	lblSex	Button11	Name	btnFirst
	Text	性别		Text	|<<
Label4	Name	lblAddr	Button12	Name	btnMoveNext
	Text	地址		Text	<
Label5	Name	lblOriginal	Button13	Name	btnMoveForward
	Text	初始值		Text	>
Label6	Name	lblCurrent	Button14	Name	btnLast
	Text	当前值		Text	>>|
Form1	Name	frmEditData			
	Text	编辑和更新数据			

5) 生成解决方案并运行应用程序,如图 6-2 所示。

图 6-2

6) 在窗体底端是导航按钮,可浏览 DataSet,这里所有行都有相同的当前值版本和初始值版本,且 RowState 都设置为未改变。其中,导航按钮的代码如下:

this.BindingContext[this.dsStudent1,"Student"].Position = 0;//转到第一条记录
UpdateDisplay();//更新界面显示

this.BindingContext[this.dsStudent1,"Student"].Position - = 1;//转到上一条记录
UpdateDisplay();//更新界面显示

this.BindingContext[this.dsStudent1,"Student"].Position + = 1; //转到下一条记录
UpdateDisplay();//更新界面显示

this.BindingContext[this.dsStudent1,"Student"].Position = this.BindingContext[this.dsStudent1,"Student"].Count - 1;//转到最后一条记录
UpdateDisplay();//更新界面显示

其中,UpdateDisplay()过程的代码为

```
private void UpdateDisplay()
{
    //显示初始值
    DataRow drv;
    drv = this.dsStudent1.student.Rows[this.BindingContext[this.dsStudent1,"Student"].Position];
    this.txtCurrentID.Text = drv["stu_id"].ToString();
    this.txtCurrentName.Text = drv["name"].ToString();
    this.txtCurrentSex.Text = drv["sex"].ToString();
    this.txtCurrentAddr.Text = drv["addr"].ToString();
    if (drv.HasVersion(DataRowVersion.Original))
    {
```

```
            this. txtOriginalID. Text = drv["stu_id",DataRowVersion. Original]. ToString();
            this. txtOriginalName. Text = drv["name",DataRowVersion. Original]. ToString();
            this. txtOriginalSex. Text = drv["sex",DataRowVersion. Original]. ToString();
            this. txtOriginalAddr. Text = drv["addr",DataRowVersion. Original]. ToString();
    }
    else
    {
            this. txtOriginalID. Text = "";
            this. txtOriginalName. Text = "";
            this. txtOriginalSex. Text = "";
            this. txtOriginalAddr. Text = "";
    }
    switch(drv. RowState)
    {
            case DataRowState. Added：
                this. rbtnNew. Checked = true;
                break;
            case DataRowState. Modified：
                this. rbtnModified. Checked = true;
                break;
            case DataRowState. Unchanged：
                this. rbtnUnchanged. Checked = true;
                break;
    }
    int crIndex = this. BindingContext[this. dsStudent1,"Student"]. Position + 1;
    this. txtPosition. Text = "Student " + crIndex. ToString() + " of " +
    this. BindingContext[this. dsStudent1,"Student"]. Count. ToString();
}
```

7）改变其中一行【姓名】或【地址】文本框的值，然后单击【保存】按钮，DataRow 的当前版本被更新，以反映名称的变化，行状态的值变为改变，如图 6－3 所示。

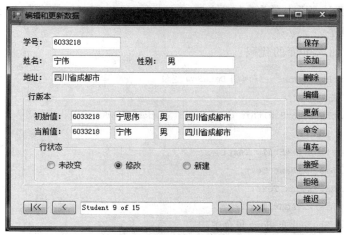

图 6－3

8）关闭应用程序。

6.3　编辑数据集中的数据

在数据载入 DataSet 后，对数据的编辑是一个非常简单的过程：调用方法，并设置属性的值。

6.3.1　添加数据行

在 DataTable 中不能直接创建新行，而是必须单独创建 DataRow 对象，并添加到 DataTable 的 Rows 集合中。若要向 DataTable 添加一个新行，首先要声明一个 DataRow 类型的变量。当前调用 NewRow 根据 DataColumnCollection 定义的表的结构来创建 DataRow 对象。例如：

```
DataRow drNewEmployee = dtEmployees.NewRow();
```

向 DataTable 添加了新行之后，可以使用索引或列名操作新行。例如：

```
drNewEmployee["EmployeeID"] = 11;
drNewEmployee["LastName"] = "Smith";
```

在数据插入到新行后，使用 Add 方法将该行添加到 DataRowCollection 中。例如：

```
dtEmployees.Rows.Add(drNewEmployee);
```

也可以通过将一个 Object 类型的数组传递给 Add 方法来创建一个新行。例如：

```
dtEmployees.Rows.Add(new Object[] {1, "Smith"});
```

将类型化为 Object 的值的数组传递到 Add 方法，可在表内创建新行并将其列值设置为对象数组中的值。请注意，数组中的值会根据它们在表中出现的顺序相继与各列匹配。

【例 6-1】　在 DataTable 中添加行。

操作步骤如下：

1）双击【窗体设计器】中的【添加】按钮，Visual Studio 2010 打开【代码编辑器】并添加 Click 事件的处理程序。

2）在该过程中加入下面的代码：

```
dsStudent.studentRow drNew;  //声明 DataRow 变量
//调用 NewRow 方法
drNew = (dsStudent.studentRow)this.dsStudent1.student.NewRow();
//设置字段值
drNew["stu_id"] = this.txtStiID.Text;
drNew["name"] = this.txtName.Text;
drNew["sex"] = this.txtSex.Text;
drNew["addr"] = this.txtAddr.Text;
//将新行添加到表 Student 的 Rows 集合中
this.dsStudent1.student.AddstudentRow(drNew);
```

3）生成解决方案,运行应用程序。

4）通过文本框录入新数据:6033220、宋平、男、四川成都,单击【添加】按钮,应用程序将添加一个新行。

5）单击【>>|】按钮,移动到数据集的最后一行,应用程序显示新行,如图 6-4 所示。

图 6-4

6）关闭应用程序。

6.3.2　删除数据行

当从一个数据集中删除记录时,需要维护删除信息,这样就可以根据这些信息更新数据源。可以使用两个方法从一个 DataSet 的表中删除记录:DataRowCollection 对象的 Remove 方法和 DataRow 对象的 Delete 方法。其中,Remove 方法从 DataRowCollection 中删除 DataRow;而 Delete 方法只将行标记为删除。在将 DataSet 或 DataTable 与 DataAdapter 和关系型数据源一起使用时,用 DataRow 的 Delete 方法移除行。Delete 方法只是在 DataSet 或 DataTable 中将行标记为 Deleted,而不会删除它。而 DataAdapter 在遇到标记为 Deleted 的行时,会执行其 DeleteCommand 以在数据源中删除该行。然后,就可以用 AcceptChanges 方法永久删除该行。如果使用 Remove 删除该行,则该行将从表中完全删除,但 DataAdapter 不会在数据源中删除该行。DataRowCollection 的 Remove 方法采用 DataRow 作为参数,并将其从集合中删除,例如:

```
DataRow drEmployee = dtEmployees. Rows(3);
dtEmployees. Rows. Remove(drEmployee);
```

【例 6-2】　用 Delete 方法删除数据行。

操作步骤如下:

1）在【窗体设计器】中双击【删除】按钮,Visual Studio 2010 把 Click 事件处理代码添加到代码窗口中。

2）在代码窗口中添加如下的处理程序:

```
DataRow drCurrentRow;
drCurrentRow = GetRow();//获得窗体中当前列
drCurrentRow.Delete(); //删除此行
this.BindingContext[this.dsStudent1,"Student"].Position + = 1;//移动到下条记录
UpdateDisplay();
```

GetRow 过程代码如下：

```
private DataRow GetRow()
{
        System.Windows.Forms.BindingManagerBase bm;
        DataRowView drv;
        bm = this.BindingContext[this.dsStudent1,"Student"];
        drv = (System.Data.DataRowView) bm.Current;
        return drv.Row;
}
```

3）生成解决方案并运行应用程序。

4）用导航键浏览数据集记录。

5）单击【删除】按钮，删除当前行，显示下一行，将学生人数改为15，如图6-5所示。

图 6 - 5

6）关闭应用程序。

6.3.3 改变数据行的值

可以使用代码和绑定控件修改 DataSet 中的数据，使用 Items 集合制定要修改的数据列名新值。Item 属性已被重载，它支持的形式如表6-4所列。然而，指定 DataRow 的版本的属性中有3种形式是只读的，不能用于改变数据值；其他3种形式返回值的 Current 版本，并且可以进行修改。

表 6 - 4

方　法	说　明
Item(ColumnName)	获取或设置存储由名称指定的列中的数据
Item(DataColumn)	获取或设置存储在指定的数据列中的数据
Item(ColumnIdnex)	获取或设置在由索引指定的列中的数据
Item(DataColumn,DataRowVersin)	获取存储在指定数据列的指定版本
Item(ColumnName,DataRowVersion)	获取存储在已命名列中数据的指定版本
Item(ColumnIndex,DataRowVersion)	获取存储在由索引指定的列的数据的指定版本

【例 6 - 3】　编辑数据行。

操作步骤如下：

1）在【窗体设计器】中双击【编辑】按钮，Visual Studio 2010 把 Click 事件处理程序添加到代码窗口中。

2）在代码窗口中添加如下的处理程序：

```
DataRow drCurrentRow;
drCurrentRow = GetRow();
drCurrentRow["name"] = "已改变";
UpdateDisplay();
```

3）生成解决方案并运行应用程序。

4）单击【编辑】按钮，应用程序将【姓名】列的当前值设置为"已改变"，将行状态设置为"修改"，如图 6 - 6 所示。

图 6 - 6

5）关闭应用程序。

6.3.4　推迟对数据行值的修改

有时候，无论是因为性能的问题，还是因为 DataRow 暂时处于业务冲突或完整性的约束冲突中,都有必要暂时挂起对数据的验证,直至一系列的编辑操作完成为止。

ADO. NET 使用 BeginEdit、CanceEdit 和 EndEdit 方法处理对数据行的编辑过程。

BeginEdit 方法是启动对数据行的编辑过程。一旦使用 BeginEdit 方法启动对数据行的编辑过程,数据行的版本就设置为 Proposed 而不是 Current。

CanceEdit 方法取消自调动 BeginEdit 方法以来所做的修改。这时,数据行的 Proposed 版本被删除,而行的 Current 版本值不变。

EndEdit 方法是提交自调用 BeginEdit 方法以来所做的修改。这时,数据行的 Proposed 版本值被复制到 Current 版本中,数据行的 Proposed 版本被删除。

【例 6 - 4】 使用 BeginEdit 方法推迟列的修改。

操作步骤如下:

1) 在【窗体设计器】中双击【推迟】按钮,Visual Studio 2010 将 Click 事件处理程序添加到代码中。

2) 在此过程中添加以下代码:

```
DataRow drCurrentRow;
drCurrentRow = GetRow();
drCurrentRow.BeginEdit();    //开始编辑
drCurrentRow["name"] = this.txtName.Text; //修改列名
MessageBox.Show(drCurrentRow["name",DataRowVersion.Proposed].ToString());
drCurrentRow.CancelEdit();    //撤销编辑
```

3) 生成解决方案并运行应用程序。

4) 单击【推迟】按钮,消息框架中显示【姓名】文本框中的值,如图 6 - 7 所示。

图 6 - 7

5) 单击【确定】按钮,因编辑过程被取消,当前列值和行状态保持不变,如图 6 - 8 所示。

6) 关闭应用程序。

图 6 - 8

6.4　更改数据并保存到数据源

当 DataSet 在内存中的数据副本发生变化之后。针对连接执行适当的 Command 对象,或是调用 DataAdapter 的 Update 方法(当然,它也是通过执行其所引用的 Command 对象来实现的),就可将这些修改传送到数据源中。

6.4.1　使用 DataAdapter 的 Update 方法

System.Data.Common.DbDataAdapter(这是一个 DataAdapter 类,相关数据库的数据提供程序就是从该 DataAdapter 类继承了它们的 DataAdapter 类)支持 Update 方法的多种版本,如表 6 - 5 所列。而 SqlDataAdapter 和 OleDbDataAdapter 都没有任何多余的版本。

表 6 - 5

Update 方法	说　明
Update(DataSet)	根据指定的 DataSet 中名为 Table 的 DataTable 更新数据源
Update(DataRows)	根据指定的 DataRows 数组更新数据源
Update(DataTable)	根据指定的 DataTable 更新数据源
Update(DataRows,DataTableMapping)	使用指定的 DataTableMapping,根据指定的 DataRows 数组更新数据源
Update(DataSet, sourceTable)	根据在指定的 DataSet 中的 sourceTable 中指定的数据表对象更新数据源

Command 对象有一个公开的名为 Updated 的属性,它决定数据源上执行 SQL 命令后的 DataSet 是否要更新。OnRowUpdated 的可能属性值如表 6 - 6 所列。

表 6 - 6

值	说　明
Both	将输出参数和首先返回的行都映射到 DataSet 中被更改的行
FirstReturnedRecord	将首先返回的行映射到 DataSet 中被更改的行

续表 6 - 6

值	说　明
None	忽略输出参数和返回的行
OutputParameters	将输出参数映射到 DataSet 中被更改的行

在默认情况下,为 DataAdapter 对象自动生成的 Command 对象将其 UpdateRowSource 属性值设为 None,不管使用代码还是通过查询生成器,通过设置 CommandText 属性创建的 Command 对象都默认设置为 Both。

调用 Update 方法时,将会出现以下情形:

- DataAdapter 检查指定 DataSet 或 DataTable 中每一行的 RowState,并执行适当的命令,如插入、更新或删除。
- Command 对象的参数集合将基于 SourceColumn 和 SourceVersion 属性值被填充。
- 引发 RowUpdating 事件。
- 执行命令。
- 根据 OnRowUpdated 属性的值,DataAdapter 可以更新 DataSet 中的行值。
- 引发 RowUpdated 事件。
- DataSet 或 DataTable 调用 AcceptChanges。

【例 6 - 5】　更新数据源。

操作步骤如下:

1) 打开【代码编辑器】,在控件名列表中选择 btnUpdate,然后在方法名列表中选择 Click。Visual Studio 2010 将添加 Click 事件处理程序。

2) 在此过程中加入以下代码:

```
this.daStudent.Update(this.dsStudent1.student);
UpdateDisplay();
```

3) 生成解决方案并运行应用程序。

4) 在【姓名】文本框中修改值,然后单击【保存】按钮,应用程序将列的当前值设置为当前【姓名】文本框的值,行状态为修改,如图 6 - 9 所示。

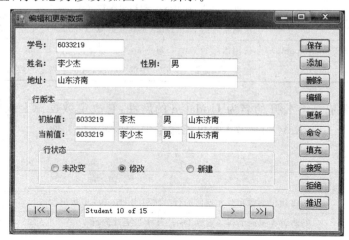

图 6 - 9

5）单击【更新】按钮,应用程序更新数据源,然后重置 DataSet 的内容,如图 6 - 10 所示。

图 6 - 10

6）关闭应用程序。

6.4.2　执行 Command 对象

DataAdapter 的 Update 方法尽管使用非常方便,但如果要持续修改数据源,它并不是最好的选择。当然,不一定要使用 DataAdapter,有时需要使用一个结构而不是 DataSet 来存储数据源;有时为了维护数据的完整性,必须以特定的顺序执行一些操作。在这些情况下,可以使用 Command 对象来控制更新操作执行的顺序。

当 DataAdapter 的 Update 方法把修改传递到数据源时,它将利用 SourceColumn 和 SourceVersion 属性来填充参数集,直接执行 Command 对象时,必须显式地设置参数值。

【例 6 - 6】　使用数据命令更新 DataSet。

操作步骤如下:

1）在【窗体设计器】中,双击【命令】按钮,Visual Studio 2010 在代码窗口添加 Click 事件处理程序。

2）在此过程中加入以下代码:

```
SqlCommand cmdUpdate;
DataRow drCurrentRow;
cmdUpdate = this.daStudent.UpdateCommand;
drCurrentRow = GetRow();

cmdUpdate.Parameters["@stu_id"].Value = drCurrentRow["stu_id"];
cmdUpdate.Parameters["@name"].Value = drCurrentRow["name"];
cmdUpdate.Parameters["@sex"].Value = drCurrentRow["sex"];
cmdUpdate.Parameters["@addr"].Value = drCurrentRow["addr"];
this.cnStudent.Open();          //打开数据连接
cmdUpdate.ExecuteNonQuery();  //执行命令
this.cnStudent.Close();         //关闭数据连接
```

3）打开【代码编辑器】，在控件列表中选择 btnFill，然后在方法名列表中选择 Click，Visual Studio 2010 在代码中添加 Click 事件处理程序。

4）在此过程中加入下列代码：

```
this.dsStudent1.student.Clear();
this.daStudent.Fill(this.dsStudent1.student); //填充 DataSet
UpdateDisplay();
```

5）生成解决方案并运行应用程序。

6）修改【姓名】文本框中的值，然后单击【保存】按钮，DataRow 当前值改变，如图 6 - 11 所示。

图 6 - 11

7）单击【命令】按钮，应用程序更新数据源，但因为执行命令并不会立即更新 DataSet，修改没有反应出来，如图 6 - 12 所示。

图 6 - 12

8）单击【填充】按钮，应用程序重新加载数据，注意所修改的【姓名】文本框内发生了变化，如图 6－13 所示。

图 6－13

9）关闭应用程序。

6.5　对数据更改的处理

数据更新过程的最后一步是为 DataRow 设置新的标准。该操作可用 AcceptChanges 方法完成。DataAdatapter 的 Update 方法自动调用 AcceptChanges。如果想直接执行命令，必须调用 AcceptChanges 来更新 RowState 值。

如果不想接受对 DataSet 的修改，而是放弃修改，可以调用 RejectChanges 方法。RejectChanges将 DataSet 恢复到上次调用 AcceptChanges 后的状态，放弃所有的新行，恢复被删除的行，同时把所有列恢复其初始值。

如果在更新数据源之前调用了 AcceptChanges 或 RejectChanges 方法，就无法保留自上次用 Update 方法调用 AcceptChanges 后所做的一切修改。DataAdapter 的 Update 方法利用 RowsStatus 属性决定哪些行需要保留，而 AcceptChanges 和 RejectChanges 把每一行的 RowState 都设为"UnChanged"。

6.5.1　使用 AcceptChanges

DataSet、DataTable 和 DataRow 都支持 AcceptChanges 方法。大多数情况下，只需要在 DataSet 中调用 AcceptChanges，因为 DataSet 会为它的第一个 DataTable 调用 AcceptChanges，而 DataTable 又会依次为每个 DataRow 调用 AcceptChanges。

当 AcceptChanges 调用到达 DataRow 时，RowState 为"Added"或"Modified"的行将把每列的初始值改为当前值，同时 RowState 被设置为"UnChanged"。删除的行将被从 Rows 集合中清除。

【例 6－7】　接受 DataSet 的修改。

操作步骤如下：

1)在【代码编辑器】中,在控件名称列表中选择 bthAccept,在方法名称列表中选择 Click,Visual Studio 在代码中添加 Click 事件处理程序,添加下面的代码:

```
this.dsStudent1.AcceptChanges();
UpdateDisplay();//更新界面显示
```

2)生成解决方案并运行应用程序。

3)在【性别】文本框中更改值,单击【保存】按钮。应用程序更新当前值,如图 6 - 14 所示。

图 6 - 14

4)单击【命令】按钮。因为调用了 AcceptChanges 方法,版本和 RowState 信息都更新了,如图 6 - 15 所示。

图 6 - 15

5)在【性别】文本框中改回原来的值,然后单击【保存】按钮。应用程序更新当前值和RowState,如图 6 - 16 所示。

6)单击【接受】按钮,应用程序更新初始值和行状态,如图 6 - 17 所示。

7)单击【更新】按钮,然后单击【填充】按钮,因为 DataRow 的行状态被恢复到【未改变】,数据源的修改未保留,如图 6 - 18 所示。

图 6 - 16

图 6 - 17

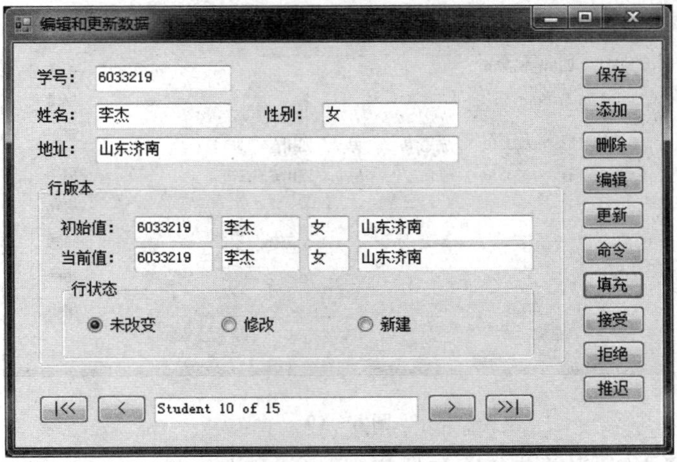

图 6 - 18

8）关闭应用程序。

6.5.2　使用 RejectChanges

和 AcceptChanges 一样，DataSet、DataTable 及 DataRow 对象也支持 RejectChanges 方法，而且每一个对象的子类都支持 RejectChanges。调用 DataRow 的 RejectChanges 方法时，CancelEdit 方法被隐式地调用以取消任何编辑。

如果 RowState 是"Deleted"或"Modified"，则该行恢复为其以前的 Original 值，RowState 变成"UnChanged"。如果 RowState 是"Added"，则该行将被删除。

DataSet 包含的所有 DataTable 对象都可以调用 DataTable 的 RejectChanges 方法。由 DataSet 包含的每个 DataRow 对象都可通过调用 DataRow 的 Row. BeginEdit 方法设置为编辑模式。在调用 DataRowEndEdit 方法之后，可通过针对 DataRow 对象所属的 DataTable 调用 RejectChanges 来拒绝更改。RejectChanges 方法被调用时，仍处于编辑模式的任何行将取消其编辑，新行被删除。已修改的和已删除的行返回到其原始状态。

【例 6-8】　拒绝数据行的修改。

操作步骤如下：

1）打开【代码编辑器】，在控件名称列表中选择 btnReject，在方法名称列表中选择 Click，Visual Studio 2010，在代码中添加 Click 事件处理程序。

2）在此过程中添加下面的代码：

```
this.dsStudent1.RejectChanges(); //拒绝更改
UpdateDisplay();
```

3）生成解决方案并运行应用程序。

4）更改【姓名】文本框的值，单击【保存】按钮。更新行的当前值和行状态，如图 6-19 所示。

图 6-19

5）单击【拒绝】按钮，当前值变成初始值，并将行状态恢复为"未改变"，如图 6-20 所示。

图 6-20

6）关闭应用程序。

6.6　本章小结

本章介绍了使用 ADO.NET 对象管理数据的操作。通过示例,讲解了编辑和更新数据源的过程,数据行状态和版本的概念,数据集中数据的添加、删除、修改操作,以及更改数据并保存到数据源。最后,还介绍了 ADO.NET 中对数据更改的处理。

思考与练习

1. 在 DataSet 中,若修改某一 DataRow 对象的任何一列的值,该行的 DataRowState 属性的值将变为 _____ 。

A. DataRowState.Added   B. DataRowState.Deleted

C. DataRowState.Detached   D. DataRowState.Modified

2. DataAdapter 对象的 DeleteCommand 的属性值为 null,将造成:_____ 。

A. 程序编译错误

B. DataAdapter 在处理 DataSet 中被删除的行时,这些行将被跳过不处理

C. DataAdapter 在处理 DataSet 中被删除的行时,将引发异常

D. DataAdapter 在处理 DataSet 中被删除的行时,将出现对话框询问用户如何处理该行

3. DataAdapter 对象的 Update 查询语句中,使用下列哪种 Where 子句可以保证本行的更新不会覆盖其他用户的更改?

A. 包含数据源所有的列   B. 只包含主键列

C. 包含主键列和一个时戳列   D. 包含主键列和已修改列

4. DataSet 中数据更改的信息可以通过哪些方式实现?

5. 在 DataTable 中如何创建新行?

6. 如何从一个 DataSet 的表中删除记录?

7. Delete 和 Remove 方法有什么不同?

8. DataRow 对象是什么?

9. RowState 和 RowVersion 属性有什么不同?

10. 在数据更新过程中如何为 DataRow 设置新的标准?

第7章　使用三层结构实现简单 Windows 应用

本章要点：

➢ 三层结构概述
➢ 理解三层结构中每层的主要功能
➢ 理解三层结构各层之间的逻辑关系
➢ 如何搭建三层结构
➢ 初识实体类
➢ 泛型集合
➢ 使用三层结构进行数据操作

7.1　三层结构

7.1.1　概　述

三层结构是一种常见的程序框架，其中的三层是指表示层、业务逻辑层、数据访问层，如图7-1所示。

表示层：位于最上层，是直接跟用户打交道的一层，用于接收用户的输入数据和显示数据，为用户提供一种交互操作界面，所以一般为 Windows 应用程序或 Web 应用程序（或 Web 网站）。

业务逻辑层：是表示层和数据访问层之间通信的桥梁，主要负责数据的传递和业务的处理，如数据有效性的检验、业务逻辑描述等相关功能，因此一般为类库。

数据访问层：主要作用是对数据的保存和读取，即跟数据有关的直接操作。数据可以保存为数据库、文本文件或 XML 文件等。数据访问层通常为类库。

7.1.2　依赖关系

在这三层中，表示层依赖于业务逻辑层，而业务逻辑层依赖于数据访问层，其数据的传递方向如图7-2所示。

图 7-1

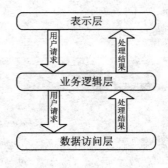

图 7-2

具体分析如下:

① 表示层首先负责接受用户请求,然后将请求交给业务逻辑层。

② 业务逻辑层收到请求后,如有必要进行一定处理,然后将请求传达到数据访问层或直接返回给表示层。

③ 数据访问层收到请求后,对请求进行相关的数据操作,然后将处理后的结果再返回给业务逻辑层。

④ 业务逻辑层根据具体情况决定是否对结果进行处理,然后将最终结果返回给表示层进行展示。

7.2 搭建三层结构

了解了三层结构的基本概念和各层之间的关系后,下面通过一个案例讲解如何搭建三层结构的程序,然后使用三层结构实现一些关于数据的操作。

【例 7 - 1】 搭建三层结构。

操作步骤如下:

1) 在 Microsoft Visual Studio 2010 中新建一个 Windows 窗体应用程序,命名为 MyEmployees,系统会自动创建一个名为 MyEmployees 的解决方案,如图 7 - 3 所示。

2) 在解决方案上单击右键,快捷菜单中选择【添加】→【新建项目】,如图 7 - 4 所示。

3) 在【添加新项目】对话框中选择项目类型为【类库】,命名为 MyEmployees. BLL,如图 7 - 5 所示。

4) 利用步骤 3)的方法添加项目 MyEmployees. DAL。

图 7 - 3

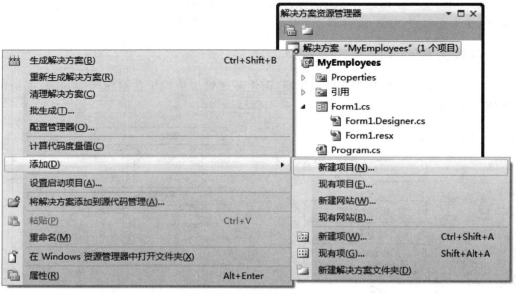

图 7 - 4

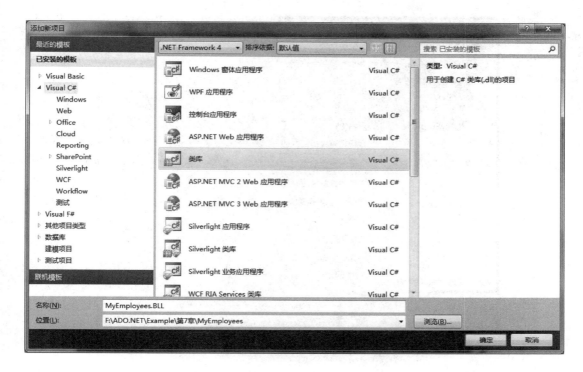

图 7 - 5

5）在本项目中要用到对象来封装数据，因此再创建一个项目，命名为 MyEmployees.Models，该项目用来存放实体类，建成后的结果如图 7 - 6 所示。

6）由于三层之间相互依赖，因此必须添加项目之间的引用才能进行调用。根据三层之间的依赖关系，需要在表示层中引用业务逻辑层，具体如图 7 - 7 所示。

7）在【添加引用】对话框中，选择【项目】选项卡中的 MyEmployees.BLL，单击【确定】按钮，如图 7 - 8 所示。

8）用同样的方法添加业务层对数据访问层的引用，即在 MyEmployees.BLL 项目中引用 MyEmployees.DAL 项目。

图 7 - 6

9）由于在三层中都要用到实体类，因此在表示层、业务逻辑层和数据访问层分别引用实体项目，即 MyEmployees.Models。

10）引用添加完成后，各项目的引用关系如图 7 - 9～图 7 - 11 所示。

11）至此，一个三层结构的项目创建完成。

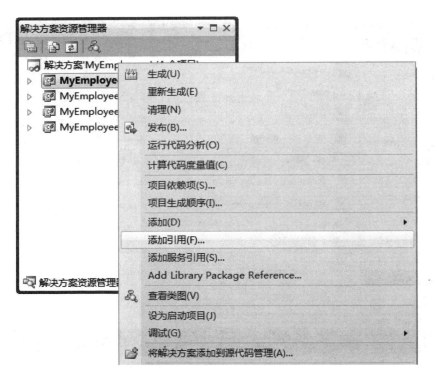

图 7 - 7

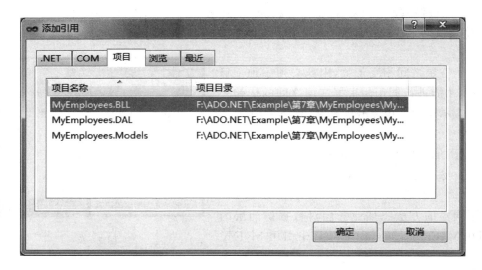

图 7 - 8

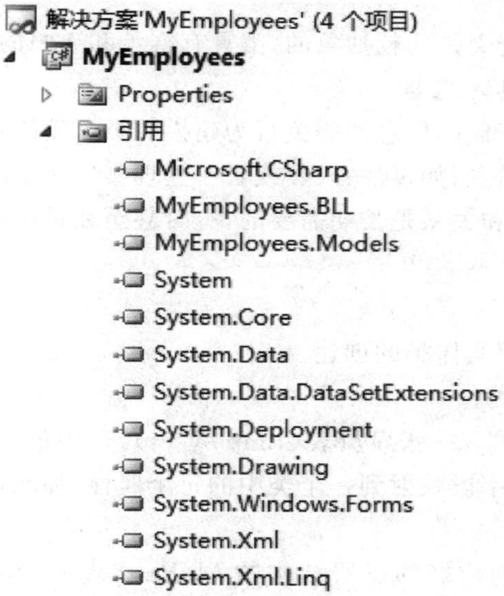

图 7 - 9

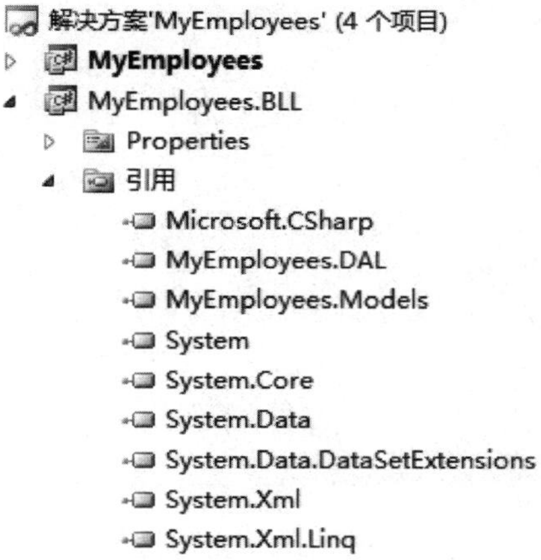

图 7 - 10

图 7 - 11

7.3　实体类

7.3.1　概　述

在第 5 章中讲解 DataGridView 的数据源时,使用了一种泛型集合的方式作为 DataGrid-View 的数据源,在泛型集合中使用的是一个自定义的 Student 类,这个 Student 类实际上就是一个实体类。

实体类主要是作为数据管理和业务逻辑处理层面上存在的类。它的主要职责是存储和管理系统内部的信息,它可以有行为,甚至是很复杂的行为,但这些行为必须与它所代表的实体对象密切相关。

上述给出的实体类的定义是比较抽象的,类具有继承和递归的特点,因此实体类可以在抽象类的基础上进一步定义具体的类。

实体类是用于对必须存储的信息和相关行为建模的类。实体对象(实体类的实例)用于保存和更新一些现象的有关信息,如事件、人员或者一些现实生活中的对象。实体类通常都是永久性的,它们所具有的属性和关系是长期需要的,有时甚至在系统的整个生存期都是需要的。

7.3.2 创建实体类

下面通过一个案例介绍实体类的创建。

【例 7 - 2】 创建实体类。

在 Northwind 数据库中有一张雇员表(Employees),表中的一条记录即是一个雇员的信息。此时,若将该表的每个字段映射到一个类中的每个属性,那么这个类就是一个实体类了。

具体操作步骤如下:

1) 打开在例 7 - 1 中创建好的三层结构的 MyEmployees. Models 项目,将 Class1 改为 Employees,然后依照 Employees 表中的字段在 Employees 类中添加相应的属性,代码如下:

```
public class Employees
{
    /// <summary>
    /// 雇员编号
    /// </summary>
    public int EmployeeID { get; set; }
    /// <summary>
    /// 姓氏
    /// </summary>
    public string LastName { get; set; }
    /// <summary>
    /// 名字
    /// </summary>
    public string FirstName { get; set; }
    /// <summary>
    /// 职位
    /// </summary>
    public string Title { get; set; }
    /// <summary>
    /// 出生日期
    /// </summary>
    public DateTime Birthday { get; set; }
    /// <summary>
    /// 地址
    /// </summary>
    public string Address { get; set; }
    /// <summary>
```

```
/// 城市
/// </summary>
public string City { get; set; }
/// <summary>
/// 国家
/// </summary>
public string Country { get; set; }
}
```

注：此处只映射了表中的部分字段，而且属性使用的是新语法，看起来更加简化。

2）为了方便创建对象，在该实体类中添加两个构造函数：一个无参数；另一个参数为该类的所有属性。代码如下：

```
public Employees()
{

}

public Employees(int employeeID, string lastName, string firstName, string title, DateTime birth-
day, string address, string city, string country)
{
    this.EmployeeID = employeeID;
    this.LastName = lastName;
    this.FirstName = firstName;
    this.Title = title;
    this.Birthday = birthday;
    this.Address = address;
    this.City = city;
    this.Country = country;
}
```

3）至此，Employees 实体类创建完成。其他表对应的实体类可照此方法自行添加。

7.4　使用三层结构实现数据显示

在创建好实体类之后，就可以使用它和泛型集合来存储数据，并用 DataGridView 进行显示。下面将通过一个案例来讲解其实现。

【例 7-3】　使用三层结构实现数据显示。

1）打开在例 7-2 中创建好的 MyEmployees 项目，将 Form1 的 Name 改为 FrmEmployees，Text 改为雇员列表，并放置一个 DataGridView，命名为 dgvEmployees，如图 7-12 所示。

2）打开 MyEmployees.DAL 项目，将 Class1.cs 改为 EmployeeService.cs。

注：为了使命名更加规范，此项目中类的命名统一用 Service 来结尾；在数据访问层中，针对每张表会创建一个对应的数据操作类。

3）要获取 Employees 表中的数据，需要在数据访问层的 EmployeeService.cs 类中添加一

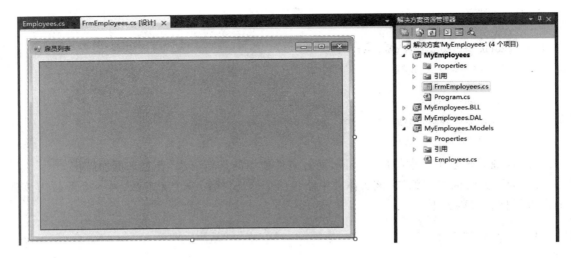

图 7 - 12

个 GetEmployeesList 方法,从数据库中读取数据,然后封装成 IList＜Employees＞的形式进行返回,代码如下:

```
/// ＜summary＞
/// 获取雇员列表
/// ＜/summary＞
/// ＜returns＞IList 形式的雇员列表＜/returns＞
public IList＜Employees＞ GetEmployeesList()
{
    IList＜Employees＞ employees = new List＜Employees＞();
    Employees emp = null;
    string strConn = "server = .\\sql2008;integrated security = SSPI;database = northwind";
    string strSql = "SELECT EmployeeID,LastName,FirstName,Title,Birthday,Address,City,Country
    FROM Employees";
    using (SqlConnection con = new SqlConnection(strConn))
    {
        con. Open();
        SqlCommand cmd = new SqlCommand(strSql, con);
        using(SqlDataReader reader = cmd. ExecuteReader())
        {
            while (reader. Read())
            {
                emp = new Employees();
                emp. EmployeeID = Convert. ToInt32(reader["EmployeeID"]);
                emp. LastName = reader["LastName"]. ToString();
                emp. FirstName = reader["FirstName"]. ToString();
                emp. Title = reader["Title"]. ToString();
                emp. Birthday = Convert. ToDateTime(reader["Birthday"]);
                emp. Address = reader["Address"]. ToString();
                emp. City = reader["City"]. ToString();
```

```
                emp.Country = reader["Country"].ToString();
                employees.Add(emp);
            }
        }
    }
    return employees;
}
```

在此代码中,声明数据连接 SqlConnection 和读取器 SqlDataReader 时使用了 using,它的作用是在对象使用完成后自动释放对象,提升程序执行效率。

要注意的是,需要在 EmployeeService. cs 中添加以下引用:

```
using System.Collections;
using System.Data.SqlClient;
using MyEmployees.Models;
```

4)打开 MyEmployees. BLL 项目,将 Class1. cs 改为 EmployeeManage. cs。

注:为了使命名更加规范,此项目中类的命名统一用 Manage 来结尾;在业务逻辑层中,针对每张表会创建一个对应的业务操作类。

5)数据访问层中提供了方法 GetEmployeesList 返回数据,那么下面就需要在业务逻辑层也添加 GetEmployeeList 方法(名字可以跟数据访问层中不一样)进行处理,代码如下:

```
EmployeeService empService = new EmployeeService();
/// <summary>
/// 获取雇员列表
/// </summary>
/// <returns>IList 形式的雇员列表</returns>
public IList<Employees> GetEmployeesList()
{
    return empService.GetEmployeesList();
}
```

要注意的是,需要在 EmployeeManage. cs 中添加以下引用:

```
using System.Collections;
using MyEmployees.Models;
using MyEmployees.DAL;
```

由于此处只是单纯地返回一些数据,并没有业务逻辑需要处理,因此只是简单地调用数据访问层中的方法,并返回结果即可。

6)回到表示层的 MyEmployees 项目中,在 FrmEmployees 类中添加业务逻辑层的对象声明,代码如下:

```
EmployeeManage empManage = new EmployeeManage();
```

7)在 FrmEmployees 窗体类的 Load 事件中添加调用业务逻辑层的代码,并将数据绑定到 dgvEmployees 上,代码如下:

```
dgvEmployees.DataSource = empManage.GetEmployeesList();
```

要注意的是,需要在 FrmEmployees 中添加以下引用:

```
using MyEmployees.BLL;
```

8）按 F5 键运行项目,结果如图 7－13 所示。

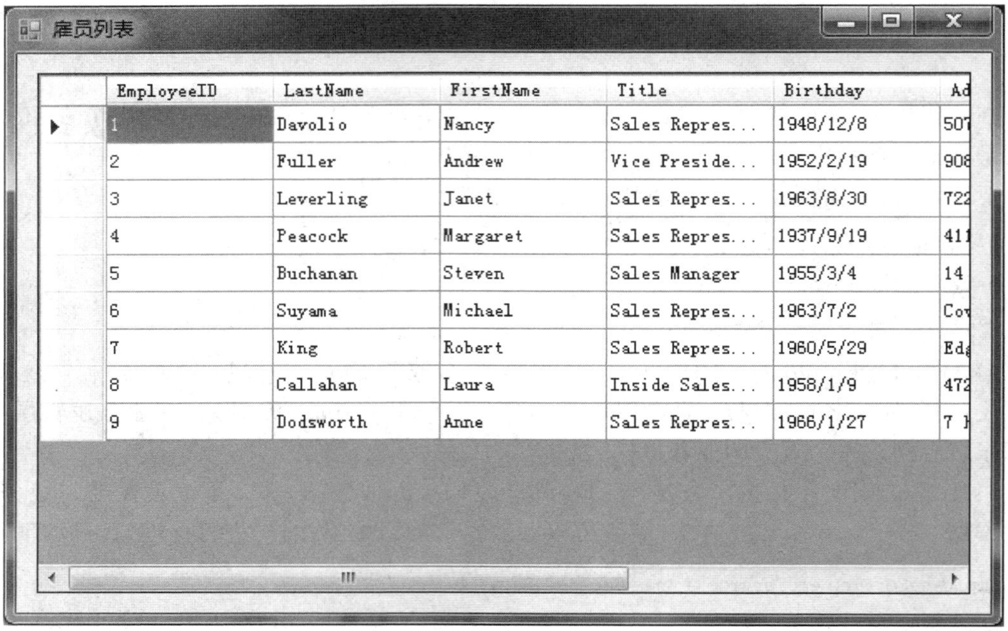
雇员列表

	EmployeeID	LastName	FirstName	Title	Birthday	Ad
▶	1	Davolio	Nancy	Sales Repres...	1948/12/8	507
	2	Fuller	Andrew	Vice Preside...	1952/2/19	908
	3	Leverling	Janet	Sales Repres...	1963/8/30	722
	4	Peacock	Margaret	Sales Repres...	1937/9/19	411
	5	Buchanan	Steven	Sales Manager	1955/3/4	14
	6	Suyama	Michael	Sales Repres...	1963/7/2	Cov
	7	King	Robert	Sales Repres...	1960/5/29	Edg
	8	Callahan	Laura	Inside Sales...	1958/1/9	472
	9	Dodsworth	Anne	Sales Repres...	1966/1/27	7

图 7－13

9）在图 7－13 中,列名(即表中字段名)都是英文,如果想要改为中文请参照第 5 章中的例 5－4。

在这个案例中,首先在数据访问层添加了一个读取数据的方法,并将查到的结果封装成了 IList<Employees>形式,然后在业务逻辑层添加了调用方法。由于该操作没有业务逻辑操作,因此只做了简单返回,最终在表示层调用业务逻辑层的 GetEmployeesList 方法来获取数据,并使用 DataGridView 进行显示。

通过这个案例可以发现,三层各自负责自己的职责,而这里的业务层并没有进行相关处理,只是简单地调用数据访问层的方法,并将结果返回。下面将通过一个删除数据的案例来演示业务逻辑层的使用。

7.5 业务逻辑层

7.5.1 什么是业务

在 Northwind 数据库中,Employees 表中存放的是雇员信息,而 Orders 订单表中同时存在雇员的 ID 编号,并且 EmployeeID 是 Orders 表的一个外键。我们知道,Employees 表中记录的 EmployeeID 如果在 Orders 表中存在,是不允许删除的。这从实际的业务角度来讲也是合理的。因为,如果删除了这个有订单的雇员信息,那么订单表中关于此雇员的记录就会孤立,造成数据的不完整。因此,存在外键的记录是不允许删除的。

7.5.2　业务的具体使用

【例 7 - 4】　删除 Employees 表中的记录。

操作步骤如下:

1) 在表示层项目 MyEmployees 的 FrmEmployees 上添加一个 contextMenuStrip1,增加一个【删除】菜单项,命名为 msiDelete,并将 dgvEmployees 的 ContextMenuStrip 属性设置为 contextMenuStrip1,如图 7 - 14 所示。

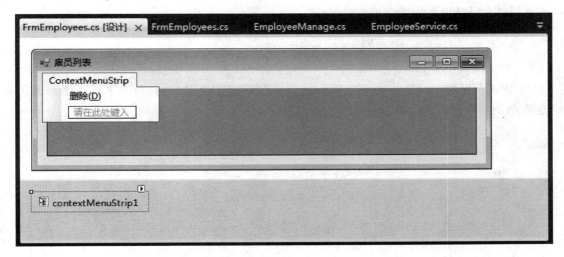

图 7 - 14

2) 打开 MyEmployees. DAL 项目中的 EmployeeService 类,在其中添加一个删除数据的方法 DeleteEmployee,代码如下:

```
/// <summary>
/// 删除雇员
/// </summary>
/// <param name = "employeeID">雇员编号</param>
/// <returns>删除成功返回 1,否则返回 0</returns>
public int DeleteEmployee(int employeeID)
{
    int result = 0;
    string strConn = "server = .\\sql2008;integrated security = SSPI;database = northwind";
    string strSql = string.Format("DELETE FROM Employees WHERE EmployeeID = {0}",employeeID);
    using (SqlConnection con = new SqlConnection(strConn))
    {
        con.Open();
        SqlCommand cmd = new SqlCommand(strSql, con);
        result = cmd.ExecuteNonQuery();
    }
    return result;
```

```
        }
```

3)打开 MyEmployees. BLL 项目中的 EmployeeManage 类,在其中也添加一个删除数据的方法 DeleteEmployee,代码如下:

```
/// <summary>
/// 删除雇员
/// </summary>
/// <param name = "employeeID">雇员编号</param>
/// <returns>删除成功返回1,否则返回 0</returns>
public int DeleteEmployee( int employeeID)
{
    return empService. DeleteEmployee( employeeID);
}
```

4)在表示层的 FrmEmployees 窗体中,双击【删除】菜单项,在其单击事件中添加调用业务逻辑层删除数据的方法,代码如下:

```
if (dgvEmployees. SelectedRows. Count < 1)
{
    MessageBox. Show("请选中一整行后再进行删除操作!");
    return;
}
int empID = Convert. ToInt32(dgvEmployees. SelectedRows[0]. Cells[0]. Value);
int result = empManage. DeleteEmployee(empID);
if(result = = 1)
    MessageBox. Show("删除成功!");
else
    MessageBox. Show("删除失败!");
```

5)按 F5 键运行项目,选中一条记录,右键单击【删除】,如图 7-15 所示。

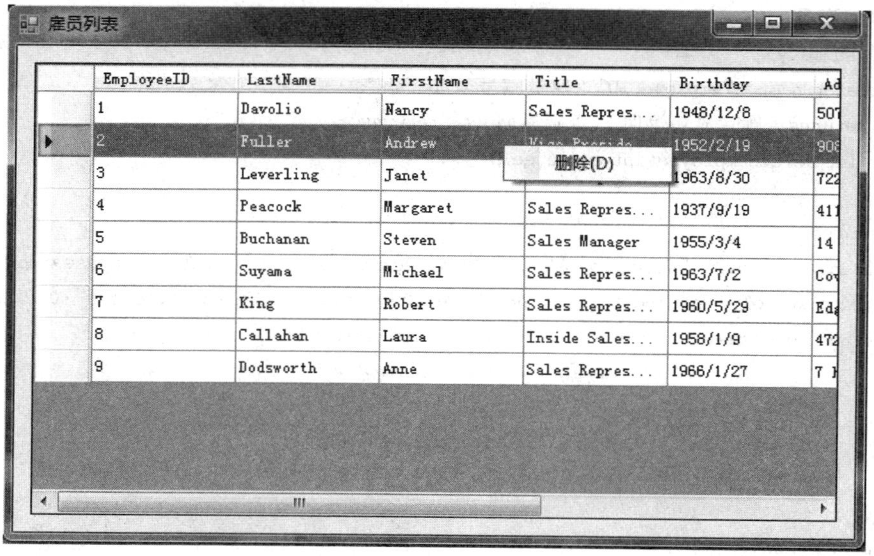

图 7-15

6）结果程序出现异常，原因是由于外键约束造成删除失败，如图 7 - 16 所示。

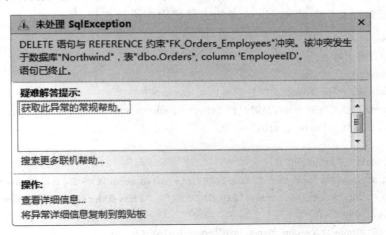

图 7 - 16

7）其实，出现这种情况是可以避免的，只要在删除前检查一下该记录的 ID 是否在外键表中存在就行了，如果存在就返回一个提示信息，因此需要修改业务逻辑层中的 DeleteEmployee 方法，增加记录存在的判定，代码如下：

```
/// <summary>
/// 删除雇员
/// </summary>
/// <param name = "employeeID">雇员编号</param>
/// <returns>删除成功返回 1,失败返回 0,记录存在外键返回 - 1</returns>
public int DeleteEmployee(int employeeID)
{
    if (Exist(employeeID))
        return - 1;
    else
        return empService.DeleteEmployee(employeeID);
}


/// <summary>
/// 判定该雇员编号是否存在外键
/// </summary>
/// <param name = "employeeID">雇员编号</param>
/// <returns>如果存在返回 true,否则返回 false</returns>
private bool Exist(int employeeID)
{
    return empService.Exist(employeeID);
}
```

8）此处增加了 Exist 方法以检查是否存在外键。由于检查外键是否存在要去数据库中查找，因此还要在数据访问层添加 Exist 方法去数据库中进行查找,代码如下：

```
/// <summary>
/// 判定记录是否存在
/// </summary>
/// <param name = "employeeID">雇员编号</param>
/// <returns>存在返回 true,否则返回 false</returns>
public bool Exist(int employeeID)
{
    bool result = false;
    string strConn = "server = .\\sql2008;integrated security = SSPI;database = northwind";
    string strSql = string.Format("SELECT COUNT( * ) FROM Orders WHERE EmployeeID = {0}",
    employeeID);
    using (SqlConnection con = new SqlConnection(strConn))
    {
        con.Open();
        SqlCommand cmd = new SqlCommand(strSql, con);
        object obj = cmd.ExecuteScalar();
        result = Convert.ToInt32(obj) > 0 ? true : false;
    }
    return result;
}
```

9）修改窗体【删除】菜单的单击事件代码如下：

```
if (dgvEmployees.SelectedRows.Count < 1)
{
    MessageBox.Show("请选中一整行后再进行删除操作!");
    return;
}
int empID = Convert.ToInt32(dgvEmployees.SelectedRows[0].Cells[0].Value);
int result = empManage.DeleteEmployee(empID);
if (result == 1)
    MessageBox.Show("删除成功!");
else if (result == -1)
    MessageBox.Show("该雇员还存在订单信息,不允许删除!");
else
    MessageBox.Show("删除失败!");
```

10）按 F5 键运行项目,选中一条记录,右键单击【删除】,结果如图 7 - 17 所示。

图 7-17

7.6　本章小结

　　本章介绍了什么是三层结构,每层的功能及各层之间的逻辑关系,并将实体类加入到三层结构中来,然后通过两个案例演示了三层结构的使用方法。

思考与练习

1. 在三层结构中,表示层的主要作用是_____。

A. 数据展示　　　　B. 数据处理　　　　C. 数据传递　　　　D. 数据存取

2. 在三层结构中,业务逻辑层的主要作用是_____。

A. 数据展示　　　　B. 数据处理　　　　C. 数据传递　　　　D. 数据存取

3. 在三层结构中,数据访问层的主要作用是_____。

A. 数据展示　　　　B. 数据处理　　　　C. 数据传递　　　　D. 数据存取

4. 实体类在三层结构中的作用是_____。

A. 保存数据　　　　B. 接收信息　　　　C. 封装信息　　　　D. 数据传递的载体

5. 什么是三层结构?它们之间的依赖关系是怎样的?

6. 使用三层结构开发程序的优势是什么?

第 8 章　三层进阶之企业级 Web 应用开发

本章要点：
- ➤ 设计模式概述
- ➤ 抽象工厂设计模式
- ➤ 搭建带有抽象工厂设计模式的三层结构
- ➤ 数据展示控件 GridView 的使用

8.1　设计模式概述

建筑师克里斯托佛·亚历山大在 20 世纪 70 年代编制了一本汇集设计模式的书，但是这种设计模式的思想在建筑设计领域的影响远没有后来在软件开发领域传播得广泛。设计模式这个术语是由 Erich Gamma 等人在 20 世纪 90 年代从建筑设计领域引入计算机科学的，它是对软件设计中普遍存在（反复出现）的各种问题所提出的解决方案。

软件设计模式（Design Pattern）是一套被反复使用、多数人知晓，经过分类编目的代码设计经验的总结。使用设计模式是为了可重用代码，让代码更容易被他人理解，保证代码的可靠性。

要学习设计模式，首先要了解 GOF。GOF 是 Erich Gamma、Richard Helm、Ralph Johnson 和 John Vlissides 4 个人的简称，他们共同编写了《设计模式：可复用面向对象软件的基础》（Design Patterns-Elements of Reusable Object-Oriented Software）。他们在此书中的协作导致了软件设计模式的突破。此书中共收录了 23 个设计模式，并将其分为创建型模式、结构型模式和行为模式 3 种。下面要介绍的抽象工厂设计模式就是创建型模式中的一种。

8.2　抽象工厂设计模式

8.2.1　概　述

在软件的开发过程中，经常会遇到"一系列相互依赖的对象"的创建工作，再加上需求的多样化，往往会碰到更多系列对象的创建工作，抽象工厂设计模式就是来解决这个问题的一种方案。

8.2.2　抽象工厂的结构

抽象工厂的目的是要提供一个创建一系列相关或相互依赖对象的接口，而不需要指定它们具体的类。它提供了一种封装机制来避免客户程序和这些"多系列的相互依赖对象的创建工作"的紧耦合。首先，来看一下它的结构图（见图 8-1）。

从图 8-1 所示的结构图中可知，抽象工厂设计模式中的主要对象有以下几种：

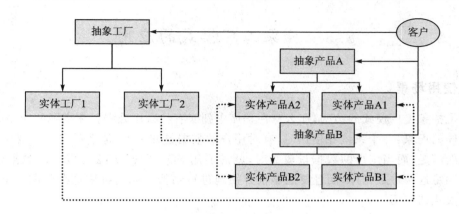

图 8 - 1

抽象工厂:职责是生产抽象产品。

实体工厂:职责是生产实体产品。

抽象产品:职责是提供实体产品的访问接口。

实体产品:职责是实现自己的功能。

8.2.3　生活中的案例

在日常生活中,同样可以找到抽象工厂的模型。在手机卖场中,经常会看到柜台中摆放了各种各样的手机模型,而当顾客选定了款式时,导购员会拿出真正的手机来给其演示。如果将手机和模型与抽象工厂对应起来,如图 8 - 2 所示。

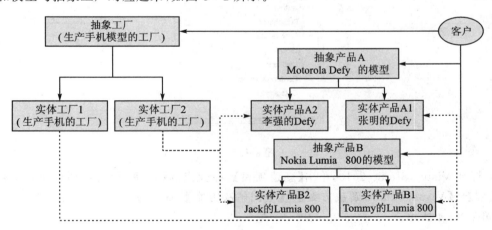

图 8 - 2

注:图 8 - 2 中的 Motorola Defy 和 Nokia Lumia 800 为两款具体的手机。

由此可见,抽象工厂就是生产手机模型的工厂(可生产多种模型),而实体工厂是生产手机的工厂(可生产多种手机),抽象产品(手机模型)是实体产品参数及规格的体现(对应程序中的接口和实现类),而实体产品(手机)才是真正具备功能的产品。

至此,抽象工厂中各对象的关系应该是比较清晰了。下面将用一个案例来实现抽象工厂设计模式的搭建。

8.3　抽象工厂模式的应用

8.3.1　使用场景

了解了抽象工厂模式的结构,那么它在程序中到底有什么用处呢? 在实际的应用中,经常会碰到这样的场景:一个系统在使用时,有时用户的数据量并不大,那么后台只需要用 Access 数据库就能满足;而当用户的数据量较大时,就需要用 SQL Server 甚至 Oracle 数据库,这时程序就要满足这两种数据库,而且要能够很方便地进行切换。如何解决这个问题? 下面请看抽象工厂模式的应用。

8.3.2　搭建抽象工厂

本次搭建抽象工厂,在案例中使用 Web 网站的形式作为表示层,搭建出来的结构为 B/S 结构,这也是不同于之前案例的地方。

【例 8 - 1】　利用抽象工厂搭建网上书店的程序框架。

操作步骤如下:

1) 打开 SQL Server 2008,创建 MyBookStore 数据库,其中的表结构如图 8 - 3 所示。

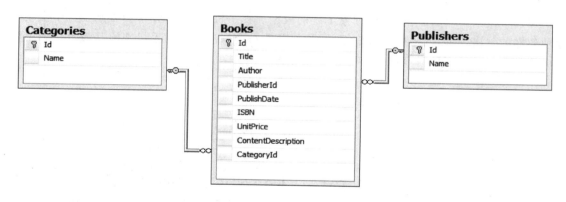

图 8 - 3

2) 打开 Visual Studio 2010,单击【新建项目】,在弹出的【新建项目】对话框中选择【其他项目类型】→【Visual Studio 解决方案】→【空白解决方案】,命名为 MyBookStore,单击【确定】按钮,如图 8 - 4 所示。

3) 在解决方案 MyBookStore 中单击右键,选择【添加】→【新建网站】,在弹出的【添加新网站】对话框中选择【ASP. NET 网站】,命名为 Web(创建表示层),单击【确定】按钮,如图 8 - 5 所示。

4) 在解决方案 MyBookStore 中单击右键,选择【添加】→【新建项目】,在弹出的添加【新项目】对话框中选择【类库】,命名为 MyBookStore. BLL(创建业务逻辑层),单击【确定】按钮,如图 8 - 6 所示。

5) 用同样的方法创建数据访问层 MyBookStore. DAL,接口层 MyBookStore. IDAL,存放实体类的 MyBookStore. Models 和抽象工厂 MyBookStore. DALFactory,创建完成后如

图 8 - 7 所示。

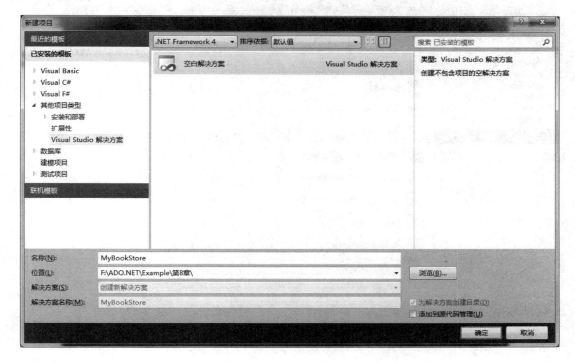

图 8 - 4

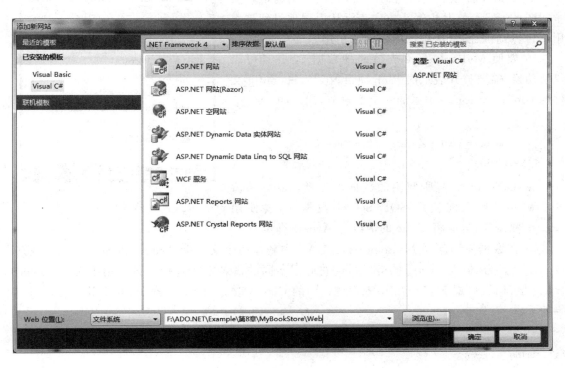

图 8 - 5

图 8-6

6）建好了抽象工厂所需的项目，它们之间的依赖关系如图 8-8 所示，其中箭头方向表示从引用项目到被引用项目，然后照图依次添加项目间的引用。

7）要使 MyBookStore 支持两种数据库，并且可以灵活切换，需要打开表示层 Web 项目，在 Web. config 文件的 configuration 节中添加一个配置节，代码如下：

图 8-7

```
<appSettings>
  <add key = "DBType" value = "SqlServer"/>
</appSettings>
```

注：DBType 代表所使用的数据库类型，value 的值 SqlServer 是指当前使用 SQL Server 数据库，要使用 Access 数据库，只需将 value 的值改为 Access 即可。

8）在数据库访问层 MyBookStore. DAL 中新建两个文件夹 Access 和 SqlServer，并分别放入一个名为 BookService 的类（注意：它们用不同的命名空间进行区分），用于实现 IBookService 接口；接口层 MyBookStore. IDAL 中的 Class1 改为 IBookService，并将其改为接口，代码如下：

```
//SqlServer 文件夹下的 BookService 类
using System;
using System.Collections.Generic;
using System.Linq;
```

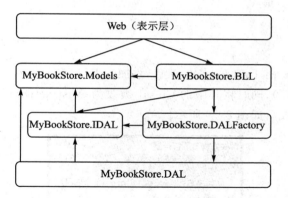

图 8 - 8

```
using System.Text;
using MyBookStore.IDAL;

namespace MyBookStore.DAL.SqlServer
{
    public class BookService : IBookService
    {
    }
}


//Access 文件夹下的 BookService 类
using System;
using System.Collections.Generic;
using System.Linq;
using System.Text;
using MyBookStore.IDAL;

namespace MyBookStore.DAL.Access
{
    public class BookService : IBookService
    {
    }
}


//IBookService 接口
using System;
using System.Collections.Generic;
using System.Linq;
using System.Text;

namespace MyBookStore.IDAL
{
    public interface IBookService
```

```
        {
        }
    }
```

9) 打开 MyBookStore. DALFactory 项目,添加 SqlDALFactory 和 AccessDALFactory 两个类(这两个是实体工厂),同时将其中的 Class1 类改为 AbstractDALFactory(这个是抽象工厂),并设为抽象类,建成后如图 8－9 所示。

图 8－9

10) 在 MyBookStore. DALFactory 项目中添加 System. Configuration 的引用,如图 8－10 所示。

11) 在 AbstractDALFactory、SqlDALFactory 和 AccessDALFactory 类中添加如下代码:

```
//AbstractDALFactory 类
using System;
using System.Collections.Generic;
using System.Linq;
using System.Text;
using System.Configuration;
using MyBookStore.IDAL;


namespace MyBookStore.DALFactory
{
```

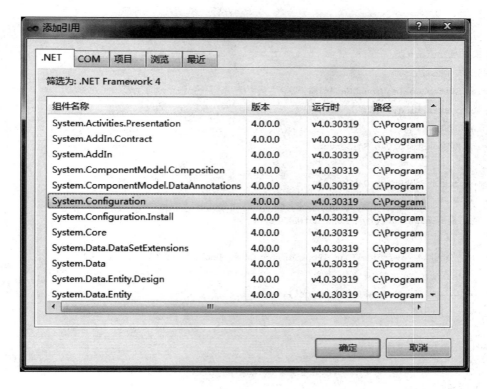

图 8 - 10

```
public abstract class AbstractDALFactory
{
    public static AbstractDALFactory CreateFactory()
    {
        //读取配置文件中所设置的数据库类型
        string dbType = ConfigurationManager.AppSettings["DBType"].ToString();
        AbstractDALFactory factory = null;
        switch (dbType)
        {
            case "SqlServer":
                factory = new SqlDALFactory();
                break;
            case "Access":
                factory = new AccessDALFactory();
                break;
        }
        return factory;
    }
    //抽象工厂生产抽象产品
    public abstract IBookService CreateBookService();
}
```

```
    }

//SqlDALFactory 类
using System;
using System.Collections.Generic;
using System.Linq;
using System.Text;
using MyBookStore.DAL.SqlServer;

namespace MyBookStore.DALFactory
{
    class SqlDALFactory : AbstractDALFactory
    {
        public override IDAL.IBookService CreateBookService()
        {
            return new BookService();
        }
    }
}

//AccessDALFactory 类
using System;
using System.Collections.Generic;
using System.Linq;
using System.Text;
using MyBookStore.DAL.Access;

namespace MyBookStore.DALFactory
{
    class AccessDALFactory : AbstractDALFactory
    {
        public override IDAL.IBookService CreateBookService()
        {
            return new BookService();
        }
    }
}
```

12）至此，抽象工厂的框架搭建完成。

8.3.3 使用抽象工厂读取数据

搭建好了抽象工厂的程序框架，下面讲解如何使用这种框架解决具体的数据库切换问题。

【例 8-2】 使用抽象工厂读取数据。

操作步骤如下：

1）打开例 8 – 1MyBookStore. Models 项目，将 Class1 改为 Books，并添加 Books 表中的属性，代码如下：

```
using System;
using System.Collections.Generic;
using System.Linq;
using System.Text;

namespace MyBookStore.Models
{
    public class Books
    {
        /// <summary>
        /// 编号
        /// </summary>
        public int Id { get; set; }

        /// <summary>
        /// 图书名称
        /// </summary>
        public string Title { get; set; }

        /// <summary>
        /// 作者
        /// </summary>
        public string Author { get; set; }

        /// <summary>
        /// 出版社
        /// </summary>
        public string PublisherName { get; set; }

        /// <summary>
        /// 出版日期
        /// </summary>
        public DateTime PublishDate { get; set; }

        /// <summary>
        /// ISBN 编号
        /// </summary>
        public string ISBN { get; set; }

        /// <summary>
        /// 单价
```

```
            ///   </summary>
            public decimal UnitPrice { get; set; }

            ///   <summary>
            ///   内容描述
            ///   </summary>
            public string ContentDescription { get; set; }

            ///   <summary>
            ///   类别
            ///   </summary>
            public string CategoryName { get; set; }
        }
    }
```

注意:表中的出版社和类别分别是关联的另外两张表的 ID,在此直接用其名称,这样在界面上显示比较才会直观。

2) 要读取 Books 表中的数据,首先在接口层的 IBookService. cs 中添加一个 GetBookList方法,代码如下:

```
///   <summary>
///   获取书籍列表
///   </summary>
///   <returns>以 IList 形式返回书籍列表</returns>
public interface IBookService
{
    IList<Books> GetBookList();
}
```

3) 在 MyBookStore. DAL 的 SqlServer 文件夹下的 BookService 类中实现该方法,代码如下:

```
///   <summary>
///   获取书籍列表
///   </summary>
///   <returns>以 IList 形式返回书籍列表</returns>
public IList<Books> GetBookList()
{
    IList<Books> bookList = new List<Books>();
    Books book = null;
    //获取配置文件中的连接字符串
    string strCon = ConfigurationManager. ConnectionStrings["MyBookStoreConnString"]. ToString();
    string strSql = "SELECT B. Id,Title,Author,P. Name AS PublisherName,PublishDate,ISBN,Unit-
    Price,ContentDescription,C. Name AS CategoryName FROM dbo. Books B INNER JOIN dbo. Publishers P
    ON B. PublisherId = P. Id INNER JOIN dbo. Categories C ON B. CategoryId = C. Id";

    using (SqlConnection con = new SqlConnection(strCon))
```

```
        {
            SqlCommand cmd = new SqlCommand(strSql, con);
            con.Open();
            using (SqlDataReader reader = cmd.ExecuteReader())
            {
                while (reader.Read())
                {
                    book = new Books();
                    book.Id = Convert.ToInt32(reader["Id"]);
                    book.Title = reader["Title"].ToString();
                    book.Author = reader["Author"].ToString();
                    book.PublisherName = reader["PublisherName"].ToString();
                    book.PublishDate = Convert.ToDateTime(reader["PublishDate"].ToString());
                    book.ISBN = reader["ISBN"].ToString();
                    book.UnitPrice = Convert.ToDecimal(reader["UnitPrice"].ToString());
                    book.ContentDescription = reader["ContentDescription"].ToString();
                    book.CategoryName = reader["CategoryName"].ToString();
                    bookList.Add(book);
                }
            }
        }
        return bookList;
    }
```

注:由于将连接字符串写入了配置文件,于是此处使用了 ConfigurationManager 类的
ConnectionStrings 对象来获取,这样也避免了连接字符串的多处编写,而仅需在配置文件中
的 configuration 配置节中添加连接字符串配置节,代码如下:

```
<connectionStrings>
  <add name="MyBookStoreConnString" connectionString="server = .\sql2008;integrated secur-
  ity = SSPI;database = MyBookStore"/>
</connectionStrings>
```

4) 在 MyBookStore.DAL 的 Access 文件夹下的 BookService 类中同样实现该方法,代码
类似,只需要将 SQL 数据提供程序换成 OLE DB 数据提供程序即可,请读者自行完成。

5) 将 MyBookStore.BLL 项目中的 Class1.cs 改为 BookManage.cs,并添加 GetBookList
方法以获取数据列表,代码如下:

```
using System;
using System.Collections.Generic;
using System.Linq;
using System.Text;
using MyBookStore.Models;
using MyBookStore.DALFactory;
using MyBookStore.IDAL;
```

```
namespace MyBookStore.BLL
{
    public class BookManage
    {
        //利用抽象工厂中的静态方法创建抽象工厂的实例对象
        static AbstractDALFactory factory = AbstractDALFactory.CreateFactory();
        //创建 BookService 对象
        static IBookService bookService = factory.CreateBookService();

        /// <summary>
        /// 获取书籍列表
        /// </summary>
        /// <returns>以 IList 形式返回书籍列表</returns>
        public IList<Books> GetBookList()
        {
            return bookService.GetBookList();
        }
    }
}
```

6) 打开表示层 Web 项目中的 Default. aspx 页面的源代码,在标题 h2 下面放置一个 GridView,代码如下:

```
<asp:GridView ID = "gvBooks" runat = "server">
</asp:GridView>
```

7) 按 F7 键,切换到该页面的后台代码界面,在 Page_Load 事件中添加业务层中 GetBookList方法的调用,代码如下:

```
if (! IsPostBack)
{
    gvBooks.DataSource = bookManage.GetBookList();
    gvBooks.DataBind();
}
```

8) 代码添加完成后在表示层 Web 项目上单击右键,选择【设为启动项目】,如图 8 - 11 所示。

9) 按 F5 键运行程序,初次运行程序时会出现【未启用调试】对话框,选择【修改 Web. config 文件以启用调试(M)】单选按钮,如图 8 - 12 所示。单击【确定】按钮后会自动修改配置文件中的调试选项,并正常运行,如图 8 - 13 所示。

至此,已经利用抽象工厂设计模式读取了数据,并使用 GridView 在页面上进行了展示。如果要使用 Access 数据库,需要实现 MyBookStore. DAL 项目中 Access 文件夹下的实体产品(即 BookService. cs)中的方法,然后将配置文件 Web. config 中 DBType 的 Value 改为 Access即可,方法与 MS SQL Server 的实现相同,只需将数据提供程序改为 OLE DB。

图 8 - 11

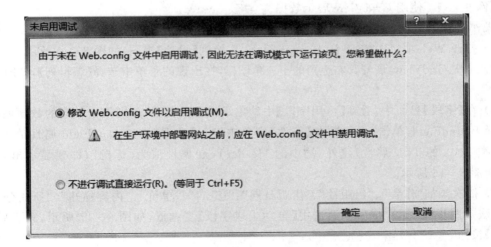

图 8 - 12

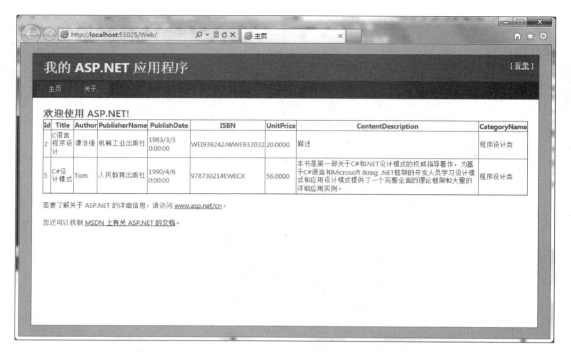

图 8 - 13

8.3.4　GridView 的应用

在例 8-2 中,使用了 GridView 来显示数据,但这只是最基本的使用,标题中显示的还是数据库表的列名,这样既不规范,也不安全。下面将通过一个案例介绍 GridView 的基本用法。

【例 8-3】　使用 GridView 展示数据。

操作步骤如下:

1)打开 Web 项目中的 Default.aspx 页面,切换到【设计】视图,如图 8-14 所示。

2)选中 GridView,展开其右上角的小三角图标,在出现的菜单中选择【编辑列】,如图 8-15 所示。

3)在【字段】界面中,看到【可用字段】中给出了很多种类型,分别用于不同的数据展示,在此选择 BoundField,单击【添加】,在【属性】窗口中设置【数据】中的 DataField 属性值为 Title(实体类 Book 的 Title 属性),【外观】中的 HeaderText 属性值为"标题"(即要显示出来的列名),如图 8-16 所示。

4)依次添加"作者"、"出版社"、"出版日期"、"ISBN"、"单价"、"内容描述"、"所属分类"几列,方法参照步骤 3),完成后取消选中【自动生成字段】复选框,如图 8-17 所示,完成后单击【确定】按钮。

5)此时,页面的 GridView 上已经绑定好了所有列,如图 8-18 所示。

6)切换到页面的源代码视图,可以看到 GridView 中生成了一些列的代码:

```
<asp:GridView ID = "gvBooks" runat = "server" AutoGenerateColumns = "False">
```

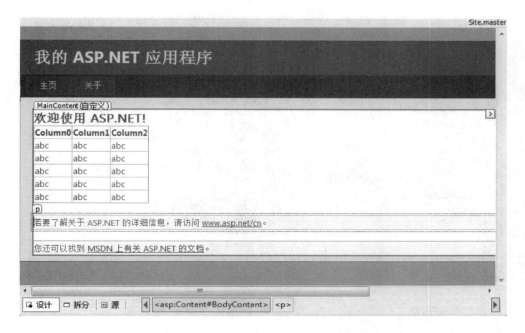

图 8 - 14

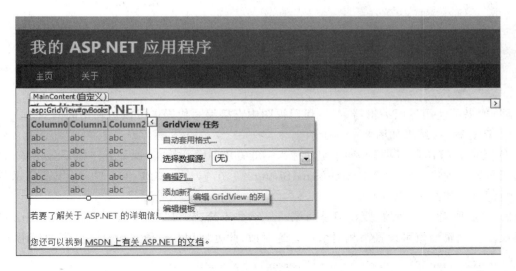

图 8 - 15

```
<Columns>
    <asp:BoundField DataField = "Title" HeaderText = "标题" />
    <asp:BoundField DataField = "Author" HeaderText = "作者" />
    <asp:BoundField DataField = "PublisherName" HeaderText = "出版社" />
    <asp:BoundField DataField = "PublishDate" HeaderText = "出版日期" />
    <asp:BoundField DataField = "ISBN" HeaderText = "ISBN" />
    <asp:BoundField DataField = "UnitPrice" HeaderText = "单价" />
    <asp:BoundField DataField = "ContentDescription" HeaderText = "内容描述" />
    <asp:BoundField DataField = "CategoryName" HeaderText = "所属分类" />
```

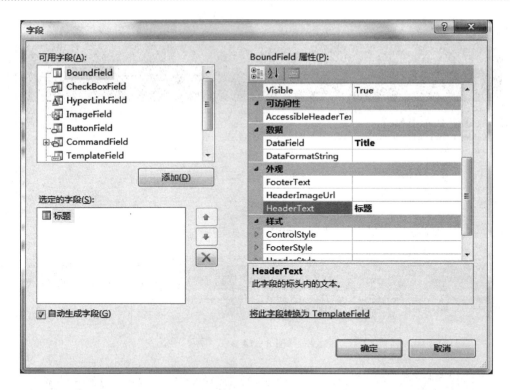

图 8 - 16

```
</Columns>
</asp:GridView>
```

注：如果不使用界面编辑器，在源代码视图中直接编写代码也可以达到相同的效果。

7) 运行程序，结果如图 8 - 19 所示。

8) 此时，在【出版日期】一列中显示了"0：00：00"字样。其实，此处并不需要显示该时间。在出版日期一列中添加属性"DataFormatString＝"{0：yyyy - MM - dd}""，可规范显示的结果，运行程序，如图 8 - 20 所示。

9) 虽然取消了时间的显示，但是列宽的显示并不恰当，可以通过 ItemStyle - Width 属性进行设置。此属性值可设置为相对值或者绝对值，此处使用相对值。设置各列宽的代码如下：

```
<asp:GridView ID = "gvBooks" runat = "server" AutoGenerateColumns = "False">
    <Columns>
        <asp:BoundField DataField = "Title" ItemStyle - Width = "12 %" HeaderText = "标题" />
        <asp:BoundField DataField = "Author" ItemStyle - Width = "10 %" HeaderText = "作者" />
        <asp:BoundField DataField = "PublisherName" ItemStyle - Width = "13 %" HeaderText = "出
        版社" />
        <asp:BoundField DataField = "PublishDate" ItemStyle - Width = "10 %" DataFormatString
        = "{0：yyyy - MM - dd}" HeaderText = "出版日期" />
        <asp:BoundField DataField = "ISBN" ItemStyle - Width = "10 %" HeaderText = "ISBN" />
        <asp:BoundField DataField = "UnitPrice" ItemStyle - Width = "5 %" HeaderText = "单价" />
        <asp:BoundField DataField = "ContentDescription" ItemStyle - Width = "30 %" HeaderText
```

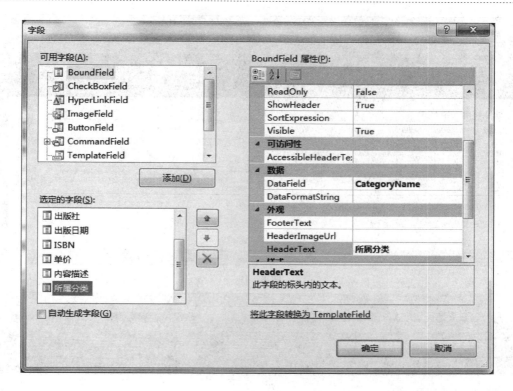

图 8 - 17

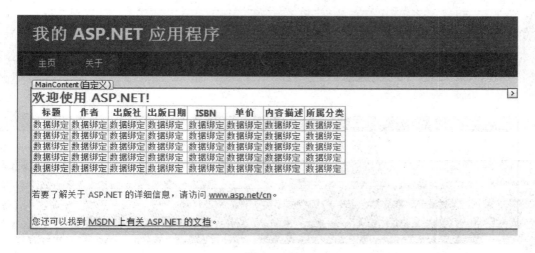

图 8 - 18

```
            = "内容描述" />
        <asp:BoundField DataField = "CategoryName" ItemStyle - Width = "10 % " HeaderText = "所
        属分类" />
    </Columns>
</asp:GridView>
```

10) 运行程序,结果如图 8 - 21 所示。

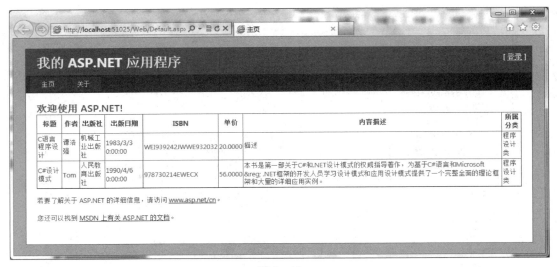

图 8 - 19

图 8 - 20

图 8 - 21

8.4　本章小结

本章首先介绍了什么是设计模式,然后讲解了设计模式中的一种——抽象工厂设计模式,并通过与三层结构的结合解决了切换数据库的问题,最后通过案例介绍了 Web 页面中 GridView 的基本使用方法。

思考与练习

1. GOF 代表_____。

A. 设计模式　　　　　B. 4 个人名　　　　C. 4 种设计模式　　　　D. 一本书

2. 抽象工厂中的接口层项目对应下列中的_____对象。

A. 抽象工厂　　　　　B. 实体工厂　　　　C. 抽象产品　　　　D. 实体产品

3. Web 窗体的 GridView 中包含以下哪几种形式的列?

A. BoundField　　　　B. CheckBoxField　　　C. CommandField

D. TemplateField　　　E. ButtonField

4. 如果要将 GridView 的某一日期列设置为 2012 - 10 - 10 这种格式,下列代码中_____句是正确的。

A. DataFormat＝"{0:yyyy－MM－dd}"

B. DataFormatString＝"{0:yyyy－mm－dd}"

C. DataFormat＝"{0:yyyy－mm－dd}"

D. DataFormatString＝"{0:yyyy－MM－dd}"

5. 你怎样理解设计模式,为什么要使用设计模式?

6. 什么是抽象工厂设计模式? 它的作用是什么?

7. 抽象工厂的几个主要对象是什么? 各个对象的作用是什么?

第9章 使用 ADO.NET 读取和写入 XML

本章要点：
- ➢ 什么是 XML
- ➢ .NET 支持的 XML 标准
- ➢ 利用 XmlReader 和 XmlWriter 读写 XML 文件
- ➢ 使用 ADO.NET 读取和写入 XML 文件

XML 在.NET 框架中扮演着重要的角色。在.NET 框架中，很多地方都使用 XML 存储配置信息以及源代码组织结构信息等。例如 SOAP、Web Services 和 ADO.NET 中都用到了 XML。现在已经有很多可视化的工具可以非常方便地创建并编辑 XML 文档，但是很多时候还是希望能够通过应用程序读取、创建、修改 XML 文档。

本章将详细介绍如何利用 CLR 进行 XML 编程。不过，在此之前，要首先学习 XML 的一些基本概念。

9.1 什么是 XML

XML(eXtensible Markup Language，可括展置标语言)定义了结构化、可描述性以及在系统之间交换数据的方法。XML 并不是一种计算机语言，而是一种元语言，或者说指定了如何组织文档使之能有效分解为各个结构的规范。例如，要创建的一个表示班级的 XML 文档(Class)，它有班级名称、所属年级等属性；而班级又由学生组成，学生有名字、学号(Number)和年龄(Age)属性。更简单地说，XML 文档是由元素(Element)和属性(Attributes)两种部件构建起来的层次化文件。

一个元素又由元素开始节点、元素结束节点和内容节点 3 部分组成：

元素开始节点或称为开始标签：是由尖括号括起来的一个带有名称的部分，如

```
<Element_Tag>
```

元素结束节点或称为结束标签：同样需要由尖括号括起来，以斜杠开始，后面跟着元素名，元素名必须与配对的开始元素节点使用相同的名称，如

```
</Element_Tag>
```

内容节点：由 0 个或多个文本节点(元素开始节点和结束节点之间的文本)以及子元素(或嵌套元素)组成。

而属性则是对元素开始节点的扩展，它提供了关于元素的更多信息。属性为一个或多个"名字 = "值""对，在开始节点内的元素名后面及右尖括号之前，可以添加多个属性，如

```
<Element_Tag name1 = "value1" name2 = "value2">
```

XML 文档还包含两个部分：XML 头部声明和注释。其中 XML 头部声明指定了本 XML 文档的版本和编码等信息。典型的 XML 头部声明的形式为

<? xml version = "1.0" encoding = "utf - 8"? >

而注释则是对文档内容没有影响又便于用户理解 XML 文档内容的一些帮助信息，这些注释将被 XML 解析器忽略。注释的语法为

<! ――注释内容――>

【例 9 - 1】　创建一个描述班级的 XML 文档。

操作步骤如下：

1）启动 Visual Studio 2010，新建一个名为 Chap9 的 Windows 应用程序。

2）在项目上单击右键，单击【添加】→【新建项】，如图 9 - 1 所列。

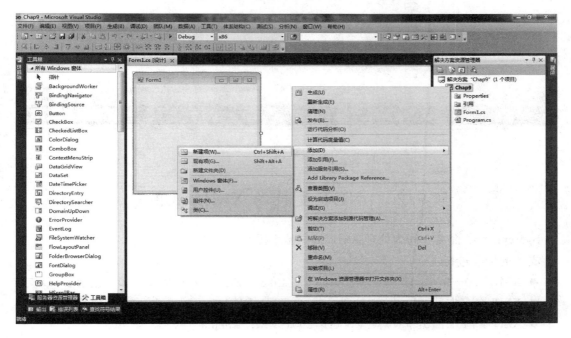

图 9 - 1

3）选择【XML 文件】，命名为 MyClass. xml，单击【添加】按钮，如图 9 - 2 所示。

4）向其中添加一个班级和 4 个学生，代码如下：

```
<? xml version = "1.0" encoding = "utf - 8" ? >
<Class>
    <MyClass ClassName = "60332" Grade = "二年级">
        <Student Name = "Tommy" Age = "21"></Student>
        <Student Name = "Jack" Age = "22"></Student>
        <Student Name = "Lily" Age = "20"></Student>
        <Student Name = "Kate" Age = "21"></Student>
    </MyClass>
</Class>
```

图 9 - 2

9.2 .NET 支持的 XML 标准

System. Xml 命名空间为处理 XML 提供基于标准的支持。

支持的标准包括：

- XML 1.0—http：//www. w3. org/TR/1998/REC—xml—19980210—包括 DTD 支持
- XML 命名空间—http：//www. w3. org/TR/REC—xml—names/—流级别和 DOM
- XSD 架构—http：//www. w3. org/2001/XMLSchema
- XPath 表达式—http：//www. w3. org/TR/xpath
- XSLT 转换—http：//www. w3. org/TR/xslt
- DOM 级别 1 核心—http：//www. w3. org/TR/REC—DOM—Level—1/
- DOM 级别 2 核心—http：//www. w3. org/TR/DOM—Level—2/

在.NET 框架类库中,提供了对 XML 文档处理支持的类和方法,这些命名空间说明如表9 - 1 所列。

表 9 - 1

命名空间	说　　明
System. Xml	提供对所有 XML 处理的核心
System. Xml. Schema	包含的 XML 类为 XML 架构定义语言（XSD）架构提供基于标准的支持
System. Xml. Serialization	包含用于将对象序列化为 XML 格式文档或流的类

续表 9 - 1

命名空间	说　明
System. Xml. XPath	包含的类用于定义光标模型,该模型可将 XML 信息项作为 XQuery 1.0 和 XPath 2.0 数据模型的实例进行导航和编辑
System. Xml. Linq	包含 LINQ to XML 的类。LINQ to XML 是内存中的 XML 编程接口,利用它可以轻松有效地修改 XML 文档
System. Xml. Xsl	为 XSLT(可扩展样式表转换)提供支持

9.3　System. Xml 命名空间

　　System. Xml 命名空间是. NET 框架处理 XML 的核心命名空间。这个命名空间提供了多个用于读取和写入 XML 文档的类,而 XmlReader 类和 XmlWriter 类为对 XML 进行读取和写入的基类,它们都是抽象类。这些类的继承关系如图 9 - 3 所示。

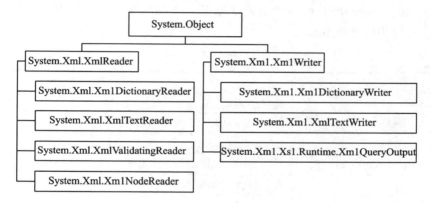

图 9 - 3

　　表 9 - 2 列出常用的关于 XML 操作的类。

表 9 - 2

类	说　明
XmlDictionary	实现用于优化 Windows Communication Foundation(WCF)的 XML 读取器/编写器实现的字典
XmlDictionaryReader	从中派生 WCF 以便执行序列化和反序列化的 abstract 类
XmlDictionaryWriter	一个抽象类,从该类中派生了 WCF 以便执行序列化和反序列化
XmlDocument	表示 XML 文档
XmlElement	表示一个元素
XmlException	返回有关最后一个异常的详细信息
XmlNode	表示 XML 文档中的单个节点
XmlNodeReader	表示提供对 XmlNode 中的 XML 数据进行快速、非缓存的只进访问的读取器

类	说　明
XmlReader	表示提供对 XML 数据进行快速、非缓存、只进访问的读取器
XmlText	表示元素或属性的文本内容
XmlTextReader	表示提供对 XML 数据进行快速、非缓存、只进访问的读取器
XmlTextWriter	表示提供快速、非缓存、只进方法的编写器，该方法生成包含 XML 数据（这些数据符合 W3C XML 1.0 和"XML 中的命名空间"建议）的流或文件
XmlValidatingReader	已过时。表示提供文档类型定义（DTD）、XML 数据简化（XDR）架构和 XML 架构定义语言（XSD）验证的读取器
XmlWriter	表示一个编写器，该编写器提供一种快速、非缓存和只进的方式来生成包含 XML 数据的流或文件

另外，System.Xml 命名空间还提供了一组支持 DOM 处理的类。DOM 树内的核心类是 XmlNode，这是一个抽象类，代表 DOM 树上的一个节点。这个类提供了对 XML 节点的基本操作和属性。可以看到，所有的特殊节点类都从 XmlNode 类继承，表 9 - 3 列出了 XmlNode 类的一些常用的继承节点类。

表 9 - 3

属　性	说　明
System.Xml.XmlAttribute	表示一个属性
System.Xml.XmlLinkedNode	获取紧靠该节点（之前或之后）的节点
System.Xml.XmlDocument	表示 XML 文档
System.Xml.XmlDocumentFragment	表示对树插入操作有用的轻量对象
System.Xml.XmlEntity	表示实体声明，例如 <! ENTITY... >
System.Xml.XmlNotation	表示一个表示法声明，例如 <! NOTATION... >

9.4　XML 的读写

XML 的只能向前访问的速度相当快，这种方法每次只顺序将 XML 文档内的一个节点载入内存，然后向前访问下一个节点。在 XML 框架中，对这种访问提供支持的两个抽象类是 XmlReader 和 XmlWriter，一般使用这两个类就完全可以满足需求。

9.4.1　XmlReader 类

使用 XmlReader 类可以实现 XML 文件数据的读取。XmlReader 类是一个抽象类，不能通过构造方法来创建实例，而必须通过这个类提供的 Create()静态方法来创建实例。XmlReader 类提供了大量的属性和方法来对读取的节点进行处理。表 9 - 4 列出了它的一些常用属性。

表 9 - 4

名　称	说　明
AttributeCount	当在派生类中被重写时,获取当前节点上的属性数
Depth	当在派生类中被重写时,获取 XML 文档中当前节点的深度
EOF	当在派生类中被重写时,获取一个值,该值指示此读取器是否定位在流的结尾
HasAttributes	获取一个值,该值指示当前节点是否有任何属性
HasValue	当在派生类中被重写时,获取一个值,该值指示当前节点是可以具有 Value
IsEmptyElement	当在派生类中被重写时,获取一个值,该值指示当前节点是否为空元素(例如 ＜MyElement/＞)
Item	已重载。当在派生类中被重写时,获取此属性的值
LocalName	当在派生类中被重写时,获取当前节点的本地名称
Name	当在派生类中被重写时,获取当前节点的限定名
NodeType	当在派生类中被重写时,获取当前节点的类型
Prefix	当在派生类中被重写时,获取与当前节点关联的命名空间前缀
ReadState	当在派生类中被重写时,获取读取器的状态
Value	当在派生类中被重写时,获取当前节点的文本值

表 9 - 5 列出了 XmlReader 类的一些常用方法。

表 9 - 5

名　称	说　明
Close	当在派生类中被重写时,将 ReadState 更改为 Closed
Create	已重载。创建一个新的 XmlReader 实例
GetAttribute	已重载。当在派生类中被重写时,获取属性的值
IsStartElement	已重载。测试当前内容节点是否是开始标记
LookupNamespace	当在派生类中被重写时,在当前元素的范围内解析命名空间前缀
MoveToAttribute	已重载。当在派生类中被重写时,移动到指定的属性
MoveToContent	检查当前节点是否是内容(非空白文本、CDATA、Element、EndElement、EntityReference 或 EndEntity)节点。如果此节点不是内容节点,则读取器向前跳至下一个内容节点或文件结尾。它跳过以下类型的节点:ProcessingInstruction、DocumentType、Comment、Whitespace 或 SignificantWhitespace
MoveToElement	当在派生类中被重写时,移动到包含当前属性节点的元素
MoveToFirstAttribute	当在派生类中被重写时,移动到第一个属性
MoveToNextAttribute	当在派生类中被重写时,移动到下一个属性
Read	当在派生类中被重写时,从流中读取下一个节点
ReadElementString	已重载。这是一个用于读取简单纯文本元素的 Helper 方法
ReadEndElement	检查当前内容节点是否为结束标记并将读取器推进到下一个节点
ReadInnerXml	当在派生类中被重写时,将所有内容(包括标记)当做字符串读取
ReadOuterXml	当在派生类中被重写时,读取表示该节点和所有它的子级的内容(包括标记)
ReadStartElement	已重载。检查当前节点是否为元素并将读取器推进到下一个节点

在了解了 XmlReader 类的一些常见属性和方法后,下面将通过一个案例介绍 XmlReader 的使用。

【例 9-2】 使用 XmlReader 读取 XML 文件。

操作步骤如下:

1) 在 Chap9 的 Form1 上添加一个 ListBox,命名为 lstStudents,如图 9-4 所示。

2) 双击 Form1 窗体,在 Load 事件中添加如下代码:

```
private void Form1_Load(object sender, EventArgs e)
{
    StringBuilder sb = null;
    //创建 XmlReader 对象
    XmlReader xReader = XmlReader.Create("../../MyClass.xml");
    //移动到内容节点开始读取
    xReader.MoveToContent();
    while (xReader.Read())
    {
        sb = new StringBuilder();
        switch (xReader.NodeType)
        {
            case XmlNodeType.Element:
                //读取内容节点中的两个属性,并拼接起来放入 StringBuilder
                sb.Append(xReader[0] + "          " + xReader[1]);
                //向 ListBox 中添加项
                lstStudents.Items.Add(sb.ToString());
                break;
            default:
                break;
        }
    }
}
```

3) 按 F5 键运行程序,结果如图 9-5 所示。

图 9-4

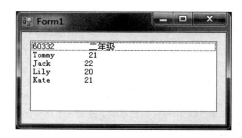

图 9-5

注:由于 XmlReader 类是一个抽象类,不能直接用 New 来创建对象,因此使用了它自身的静态方法 Create 来创建。

9.4.2　XmlWriter 类

很多时候都需要在程序中创建一个 XML 文档并保存到文件中,利用 XmlWriter 类可以实现向 XML 文档写入数据的功能。这也是一个抽象类,需要通过调用静态方法 Create()来创建实例,可以给这个方法提供一个 XmlWriterSettings 作为参数指定 XmlWriter 的设置。

表 9-6 列出了 XmlWriterSettings 类的一些常用属性。

表 9-6

属　性	说　明
CheckCharacters	获取或设置一个值,该值指示是否进行字符检查
Encoding	获取或设置文本的编码类型
Indent	获取或设置一个值,该值指示是否缩进元素
IndentChars	获取或设置缩进时要使用的字符串。当 Indent 属性设置为 true 时使用此设置
NewLineChars	获取或设置要用于分行符的字符串
NewLineHandling	获取或设置一个值,该值指示是否将输出中的分行符正常化
NewLineOnAttributes	获取或设置一个值,该值指示是否将属性写入新行
OmitXmlDeclaration	获取或设置一个值,该值指示是否编写 XML 声明

XmlWriter 也是提供了只能向前移动的输出流,所以这个类可提供的属性相当少,最常用的有两个属性:

Settings:只读属性,获取创建 XmlWriter 实例时提供的 XmlWriterSettings 实例。

WriteState:只读属性,代表 XmlWriter 实例的当前状态,为 WriteState 的枚举类型,可取的值如表 9-7 所列。

表 9-7

状　态	说　明
Start	表明 Write()方法还没有被调用过
Prolog	正在写入序言码
Element	正在写入元素的开始标签
Attribute	正在写入属性值
Content	正在写入元素内容
Closed	已经调用过 Close()方法
Error	已引发异常,使 XmlWriter 仍处于无效状态。可以调用 Close 方法将 XmlWriter 置于 Closed 状态。任何其他 XmlWriter 方法调用都将引发 InvalidOperationException

XmlWriter 类提供了大量的方法来处理写入过程。表 9-8 列出了其常见的方法。

表 9－8

名 称	说 明
Close	当在派生类中被重写时,关闭此流和基础流
Create	已重载。创建一个新的 XmlWriter 实例
Flush	当在派生类中被重写时,将缓冲区中的所有内容刷新到基础流,并同时刷新基础流
WriteAttributes	当在派生类中被重写时,写出在 XmlReader 中当前位置找到的所有属性
WriteAttributeString	已重载。当在派生类中被重写时,写出具有指定值的属性
WriteBase64	当在派生类中被重写时,将指定的二进制字节编码为 Base64 并写出结果文本
WriteBinHex	当在派生类中被重写时,将指定的二进制字节编码为 BinHex 并写出结果文本
WriteCharEntity	当在派生类中被重写时,为指定的 Unicode 字符值强制生成字符实体
WriteChars	当在派生类中被重写时,以每次一个缓冲区的方式写入文本
WriteComment	当在派生类中被重写时,写出包含指定文本的注释 <！－－…－－＞
WriteDocType	当在派生类中被重写时,写出具有指定名称和可选属性的 DOCTYPE 声明
WriteElementString	已重载。当在派生类中被重写时,写出包含字符串值的元素
WriteEndAttribute	当在派生类中被重写时,关闭上一个 WriteStartAttribute 调用
WriteEndDocument	当在派生类中被重写时,关闭任何打开的元素或属性并将编写器重新设置为 Start 状态
WriteEndElement	当在派生类中被重写时,关闭一个元素并弹出相应的命名空间范围
WriteEntityRef	当在派生类中被重写时,按 &name 写出实体引用
WriteFullEndElement	当在派生类中被重写时,关闭一个元素并弹出相应的命名空间范围
WriteName	当在派生类中被重写时,写出指定的名称,确保它是符合 W3C XML 1.0 建议的有效名称
WriteNode	已重载。将所有内容从源对象复制到当前编写器实例
WriteStartAttribute	已重载。当在派生类中被重写时,编写属性的起始内容
WriteStartDocument	已重载。当在派生类中被重写时,编写 XML 声明
WriteStartElement	已重载。当在派生类中被重写时,写出指定的开始标记
WriteString	当在派生类中被重写时,编写给定的文本内容
WriteValue	已重载。编写单一的简单类型化值
WriteWhitespace	当在派生类中被重写时,写出给定的空白

在了解了 XmlWriter 类的常用方法后,将通过一个案例来介绍 XmlWriter 的使用。

【例 9－3】 使用 XmlWriter 写入 XML 文件。

操作步骤如下:

1)在 Chap9 的 Form1 窗体中添加一个 Button,命名为 btnWrite,Text 设置为"写入",如图 9－6所示。

2)利用代码创建一个名为 Books.xml 的文件,内容如下:

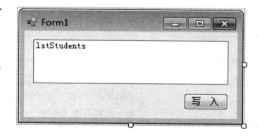

图 9－6

```
<? xml version = "1.0" encoding = "utf - 8"? >
<Books>
 <Book
  BookName = "ADO. NET 数据库访问技术"
  Publisher = "人民教育出版社"
  Author = "TommyMa" />
</Books>
```

3）双击【写入】按钮，在其 Click 事件中添加如下代码：

```
private void btnWrite_Click(object sender, EventArgs e)
{
    //创建用于格式化 XML 的对象
    XmlWriterSettings setting = new XmlWriterSettings();
    //设置缩进
    setting.Indent = true;
    //设置缩进字符串
    setting.IndentChars = " ";
    //属性在新行写入
    setting.NewLineOnAttributes = true;
    //创建 XmlWriter 对象，用于写入一个 Books.xml 文件，并使用 setting 设置的格式
    XmlWriter xWriter = XmlWriter.Create("../../Books.xml", setting);
    //写入 XML 头部的说明
    xWriter.WriteStartDocument();
    //写入根元素 Books
    xWriter.WriteStartElement("Books");
    //写入子元素 Book
    xWriter.WriteStartElement("Book");
    //写入 3 个属性和其对应的值
    xWriter.WriteAttributeString("BookName", "ADO. NET 数据库访问技术");
    xWriter.WriteAttributeString("Publisher", "人民教育出版社");
    xWriter.WriteAttributeString("Author", "TommyMa");
    //结束子元素
    xWriter.WriteEndElement();
    xWriter.WriteEndElement();
    //结束写入 XML 文档
    xWriter.WriteEndDocument();
    //将缓冲区中的所有内容刷新到基础流
xWriter.Flush();
//关闭 XmlWriter
xWriter.Close();
    MessageBox.Show("写入成功!");
}
```

4）按 F5 键运行程序，单击【写入】按钮，如图 9－7 所示。

5）单击【解决方案资源管理器】中的【显示所有文件】按钮，可发现生成的 Books. xml 文件，如图 9 - 8 所示。

图 9 - 7   图 9 - 8

6）双击 Books. xml 文件，可见其内容与步骤 2)中预期的一样。

9.5　使用 ADO. NET 读写 XML

ADO. NET 桥接了 XML 和数据访问之间的间隙，反之亦然。前面已经讲解了创建 XML 文档的内联结构 XSD 和如何将现成的 XSD 加载入不同的 DataSet 对象中。本节将进一步讲解在已加载 XSD 架构基础上从 XML 文档中获得相应数据；同时，如果用 DataSet 对象检索数据，也可将结果存储在 XML 文档对象中。还将讲解如何使 ADO. NET DataSet 和 XML 文档同步，这样对其中任何一个所做的更改就可在另一个中看到影响结果。

9.5.1　DataSet 读取 XML 数据

若要使用 XML 中的数据填充 DataSet，可以使用 DataSet 对象的 ReadXml 方法。该方法可以从只包含 XML 数据的 XML 文件中加载数据，也可以从包含 XML 数据和内联架构的文件中加载数据。内联架构是出现在 XML 数据文件开始部分的 XSD 架构。该架构描述了出现在 XML 文件中架构之后的 XML 信息。其语法格式如下：

```
Dataset.ReadXml(Stream | FileName | TextReader | xmlReader,{Byval mode as XmlReadMode})
```

该 ReadXml 方法将从文件、流或 XmlReader 中进行读取，并将 XML 的源以及可选的 XmlReadMode 参数用做参数。表 9 - 9 显示了 DataSet 对象的 ReadXml 方法的 XmlRead-Mode 参数值。

表 9 － 9

XmlReadMode 参数值	描　述
Auto	按照 XML 内容选择 ReadMode，如果 DataSet 包含架构或 XML 包含内联架构，则使用 Read-Schema；如果 DataSet 不包含架构且 XML 不包含内联架构，则使用 InferSchema
ReadSchema	读取内联架构，然后加载数据，必要时添加数据表
IgnoreSchema	将数据载入现有数据集，并忽略 XML 中的架构信息
InferSchema	忽略任何内联架构信息，并推理出新的 XML 数据集架构
DiffGram	将 DiffGram 信息读入现有数据集架构
Fragment	添加现有数据集架构匹配的 XML 部分，并忽略不匹配的部分

【例 9 － 4】　从 XML 文件中将内联架构和 XML 数据读入到 DataSet。

使用 XmlReadMode 参数就应该选择 ReadSchema，代码如下：

```
private void ReadXmlDataAndSchema()
{
    try{
        DataSet myDS = new DataSet();
        myDS.ReadXml("data.xml",XmlReadMode.ReadSchema);
    }
    catch(Exception e){
        Console.WriteLine("Exception:" + e.ToString);
    }
}
```

9.5.2　将 DataSet 中的数据写入 XML 数据

1. 利用 WriteXml 方法

利用数据集的 WriteXml 方法，可以将 DataSet 中的数据或架构信息写入 XML 文件或流。语法格式如下：

public void WriterXml(String　filename | Stream stream | TextWriter writer | XmlWriter writer，〈XmlWriteMode　mode〉)

XmlWriteMode 是一个可选参数，该参数指定生成只包含数据的 XML 文件、包含具有内联架构的数据文件，或是生成包含 DiffGram 的文件。表 9 － 10 描述了 XmlWriteMode 参数的具体含义。

表 9 － 10　XmlWriteMode 参数说明

XmlWriteMode 参数	说　明
IgnoreSchema	生成只包含数据，不包括架构信息的 XML 文件
WriteSchema	生成包含架构和数据的 XML 文件；如果 DataSet 没有架构信息，则不创建文件
DiffGram	DiffGram 格式的 XML 文件，该文件包含数据的原始值和当前值

【例 9 - 5】 将 DataSet 对象 myDS 中的数据写入 XML 文件,但不写入任何架构信息。
代码如下:

```
private void writeXml Data ()
{
    try{
        DataSet myDS = new DataSet();
        myDS.writeXml("data.xml",XmlWriteMode.IgnoreSchema);
    }
    catch(Exception e){
        Console.WriteLine("Exception:" + e.ToString);
    }
}
```

2. 关于 DiffGram

DiffGram 是一种 XML 格式文档,描述了对 DataSet 所作的更改。DiffGram 包含某个元素或属性的原始数据和当前数据,以及该元素或属性的原始版本和当前版本互相关联的唯一标识符。

为了从 DataSet 中生成 DiffGram,将 DataSet 对象的 WriteXml 方法的 XmlWriteMode 参数设置为 DiffGram。

【例 9 - 6】 当 DataSet 对象中发生增、删、改、查的变化时,生成 DiffGram 的代码。
代码如下:

```
void SaveDataSetChanges()
{
    try
    {
        DataSet myDS = new DataSet();
        //加载一个具有内联架构的 XML 文件到 DataSet 数据集
        //如果不具有内联 XML 数据,需要先加载架构,再加载数据
        // 修改 DataSet 中的信息
        myDS.ReadXml(@"C:\sampledata\Customers.xml",XmlReadMode.ReadSchema);
        // 删除一行
        myDS.Tables[0].Rows[1].delete();
        // 将 DataSet 中的部分数据保存到 Diffgram
        myDS.WriteXml(@"C:\sampledata\CustomerChanges.xml",XmlWriteMode.DiffGram);
    }
}
```

9.6　本章小结

本章首先介绍了什么是 XML 和. NET 支持的 XML 标准,然后讲解了 XML 命名空间的组成,接着通过案例讲解了 XmlReader 和 XmlWriter 两个类的使用,最后介绍了如何使用 ADO. NET 来读写 XML 文件。

思考与练习

1. 以下关于 XML 文件的描述正确的是_____。

A. XML 节点的名称是固定的

B. XML 的节点可以灵活扩展,没有限制

C. XML 节点的属性也是可以自定义的

D. XML 文件只能读取,不能写入

2. 下列中_____属性表示 XML 的一个节点。

A. XmlNode　　　　B. XmlText　　　　C. XmlValue　　　　D. XmlElement

3. 为了只把 DataSet 对象 MyDS 的数据修改情况写入文件 F:\ MyDS. XML 中,以备在网络可用时更新到数据库中,可执行_____。

A. MyDS. WriteXmlSchema("F:\MyDS. XSD");

B. string MyDSSchema = MyDS. GetXml();

C. MyDS. WriteXml("F:\MyDS. XSD",XmlWriteMode. WriteSchema);

D. MyDS. WriteXml("F:\MyDS. XSD",XmlWriteMode. IgnoreSchema);

E. MyDS. WriteXml("F:\MyDS. XSD",XmlWriteMode. DiffGram);

4. 若要用 XML 中的数据来填充 DataSet,应采用 DataSet 对象的_____方法?

A. Fill　　　　　　B. read　　　　　　C. ReadXml　　　　D. FillXml

5. 使用 XML 管理数据的优点是什么?

6. 现有名为 Myds 的 DataSet 对象,读取具有内联架构的 XML 文件 students. xml。请尝试编写程序完成此功能。

7. 现有 DataSet 对象 myDS 中的数据,创建一个带有架构和该数据信息的 XML 文件。请尝试编写程序完成此功能。

实验操作部分

本部分除第 1 章不设实验外，从第 2 章至第 9 章，针对每一章的教学内容分别配置了上机操作任务。操作与理论的学时比为 1 : 1。

第 2 章 数据连接之桥梁 Connection

1. 实验目的

通过本实验，能够创建连接常用数据源的连接，编写连接字符串。

2. 实验环境

- Windows 7。
- Microsoft Visual Studio 2010。
- Microsoft SQL Server 2008。

3. 实验内容

- 连接 SQL Server 数据源，完成定义、管理连接以及处理连接异常等操作。
- 连接 Access 数据源，完成定义、管理连接以及处理连接异常等操作。
- 连接 Oracle 数据源，完成定义、管理连接以及处理连接异常等操作。

4. 实验操作步骤

(1) 连接 SQL 数据源

根据实验环境，可以采用两种验证方式登录到 SQL Server 数据库（数据库参数由用户自己输入）。

1）启动 Microsoft Visual Studio 2010。在【文件】菜单中，指向【新建】，再单击【项目】，新建 C♯ 应用程序项目。

2）引入命名空间：

```
Using System.Data.SqlClient;
```

3）在窗体上设置控件，如图 2-1 所示。

4）设置控件的属性值，见表 2-1。

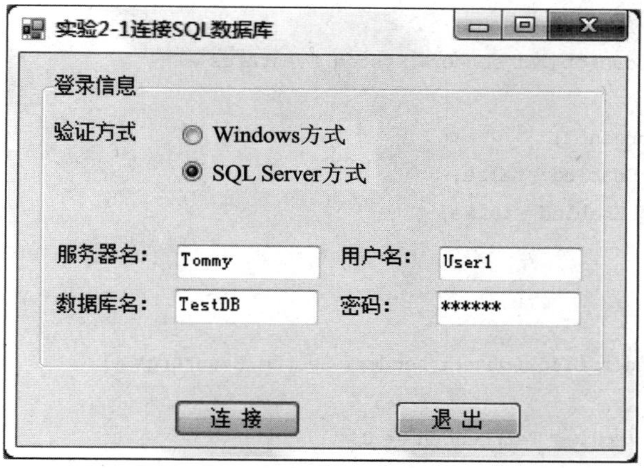

图 2 - 1

表 2 - 1

控件类别	控件属性	属性值
文本框 1	Name	txtServerName
	Text	空
文本框 2	Name	txtDBName
	Text	空
文本框 3	Name	TxtUserID
	Text	空
文本框 4	Name	txtUserPWD
	Text	空
	PasswordChar	*
命令按钮 1	Name	btnConnect
	Text	连 接(&C)
命令按钮 2	Name	btnQuit
	text	退 出(&Q)
单选按钮 1	Name	radioWindows
	Text	Windows 方式
单选按钮 2	Name	radioSql
	Text	SQL Server 方式

5）添加事件代码：

【退出】按钮代码：

```
private void btnQuit_Click(object sender, System.EventArgs e)
{
    this.Close();
}
```

窗体初始化代码:

```
private void Form1_Load(object sender, System. EventArgs e)
{
    this. CenterToScreen();
    this. txtUserID. Enabled = false;
    this. txtUserPwd. Enabled = false;
}
```

【连接】按钮代码:

```
private void btnConnect_Click(object sender, System. EventArgs e)
{
    if (this. txtServerName. TextLength == 0)
    {
        MessageBox. Show("服务器名输入不能为空!","输入提示",MessageBoxButtons. OK ,Message-
        BoxIcon. Information );
        this. txtServerName. Focus();
        return;
    }
    string strServerName;
    strServerName = txtServerName. Text. Trim();
    if (this. txtDBName. TextLength  == 0)
        {
            MessageBox. Show("数据库名输入不能为空!","输入提示",MessageBoxButtons. OK ,Mes-
            sageBoxIcon. Information );
            this. txtDBName. Focus();
            return;
        }
        string strDBName;
        strDBName = txtDBName. Text. Trim();
        string strUserID;
        strUserID = txtUserID. Text. Trim();
        string strConnString;
        string strPWD;
        strPWD = this. txtUserPwd. Text;
        if (this. radioWindows. Checked  == true)//如果是 Windows 身份验证
        {
            strConnString = "Integrated Security = True; Data Source = " + strServerName + "; ini-
            tial catalog = "  + strDBName;
        }
        else
        {
            if (this. txtUserID. TextLength  == 0)
            {
                MessageBox. Show("用户名输入不能为空!","输入提示",MessageBoxButtons. OK ,
                MessageBoxIcon. Information );
```

```
                this.txtUserID.Focus();
                return;
            }
        strConnString = "Data Source = " + strServerName + ";initial catalog = " + strDBName + ";
        uid = " + strUserID +";PWD = " + strPWD;
        }
    SqlConnection conn = new SqlConnection();
    conn.ConnectionString = strConnString;
    try
    {
        conn.Open();
    }
    catch(SqlException sqlE)
    {
        MessageBox.Show(sqlE.Message,"连接提示",MessageBoxButtons.OK ,MessageBoxIcon.In-
        formation );
        return;
    }
    MessageBox.Show("成功登录数据库!","连接提示",MessageBoxButtons.OK ,MessageBoxIcon.
    Information );
}
```

【SQL Server 方式】单选按钮代码：

```
private void radioSql_CheckedChanged(object sender, System.EventArgs e)
{
    this.txtUserID.Enabled = true;
    this.txtUserPwd.Enabled = true;
}
```

【Windows 方式】单选按钮代码：

```
private void radioWindows_CheckedChanged(object sender, System.EventArgs e)
{
    this.txtUserID.Enabled = false;
    this.txtUserPwd.Enabled = false;
}
```

(2) 连接 Access 数据源

要求连接到 Access 数据源（数据文件由用户输入或选取）。

1）启动 Microsoft Visual Studio 2010。在【文件】菜单中，指向【新建】，再单击【项目】，新建 C♯应用程序项目。

2）引入命名空间：

```
Using System.Data.OleDb;
```

3）在窗体上设置控件，如图 2－2 所示。

4）设置控件的属性值，见表 2－2。

图 2-2

表 2-2

控件类别	控件属性	属性值
文本框 1	Name	txtFileName
	Text	空
命令按钮 1	Name	btnConnect
	Text	连接(&C)
命令按钮 2	Name	btnQuit
	text	退出(&Q)
命令按钮 3	Name	Button1
	Text	…

5）添加事件代码：

【退出】按钮代码：

```csharp
private void btnQuit_Click(object sender, System.EventArgs e)
{
    this.Close();
}
```

窗体初始化代码：

```csharp
private void Form1_Load(object sender, System.EventArgs e)
{
    this.Text = "实验 2-2 连接 Access 数据源";
    this.CenterToScreen();
    this.openFileDialog.Filter = "Access 文件(*.accdb)|*.accdb|所有文件(*.*)|*.*";
}
```

【连接】按钮代码：

```csharp
private void btnConnect_Click(object sender, System.EventArgs e)
{
    string strConnString;
```

```
string strFileName;
strFileName = this.txtFileName.Text.Trim();
if (strFileName.Length == 0)
{
    MessageBox.Show("数据文件输入不能为空!","输入提示",MessageBoxButtons.OK,Message-
    BoxIcon.Information);
    this.txtFileName.Focus();
    return;
}

strConnString = "Provider = Microsoft.Jet.OLEDB.4.0;Data Source = " + strFileName;
OleDbConnection conn = new OleDbConnection();
conn.ConnectionString = strConnString;
try
{
    conn.Open();
}
catch(System.Data.OleDb.OleDbException oledbE)
{
    MessageBox.Show(oledbE.Message,"连接提示",MessageBoxButtons.OK ,MessageBoxIcon.In-
    formation );
    return;
}
MessageBox.Show("成功登录数据库!","连接提示",MessageBoxButtons.OK ,MessageBoxIcon.In-
formation );
}
```

【打开文件】按钮代码：

```
private void button1_Click(object sender, System.EventArgs e)
{
    this.openFileDialog.ShowDialog();
    this.txtFileName.Text = this.openFileDialog.FileName;
}
```

(3) 连接 Oracle 数据源

要求连接到 Oracle 9i 数据源（数据连接所需的参数由用户输入）。

1）启动 Microsoft Visual Studio 2010。在【文件】菜单中，指向【新建】，再单击【项目】，新建 C♯ 应用程序项目。

2）引入命名空间：

```
Using System.Data.OracleClient；
```

3）在窗体上设置控件，如图 2－3 所示。

4）设置控件的属性值，见表 2－3。

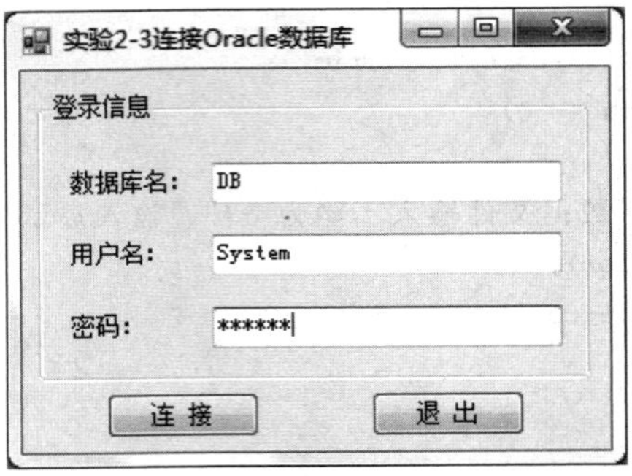

图 2 - 3

表 2 - 3

控件类别	控件属性	属性值
文本框 1	Name	txtDBName
	Text	空
文本框 2	Name	txtUserID
	Text	空
文本框 3	Name	txtUserPwd
	Text	空
命令按钮 1	Name	btnConnect
	Text	连 接(&C)
命令按钮 2	Name	btnQuit
	text	退 出(&Q)

5) 添加事件代码：

窗体初始化代码：

```
private void Form1_Load(object sender, System.EventArgs e)
{
    this.Text = "实验 2 - 3 连接 Oracle 9i 数据源";
    this.CenterToScreen();
}
```

【连接】按钮代码：

```
private void btnConnect_Click(object sender, System.EventArgs e)
{
    if (this.txtDBName.TextLength == 0)
    {
        MessageBox.Show("数据库名输入不能为空!","输入提示",MessageBoxButtons.OK ,Message-
BoxIcon.Information );
        this.txtDBName.Focus();
        return;
```

```
    }
    string strDBName;
    strDBName = this.txtDBName.Text.Trim();
    string strUserID;
    strUserID = txtUserID.Text.Trim();
    string strConnString;
    string strPWD;
    strPWD = this.txtUserPwd.Text;
    if (this.txtUserID.TextLength == 0)
    {
        MessageBox.Show("用户名输入不能为空!","输入提示",MessageBoxButtons.OK ,MessageBoxI-
        con.Information );
        this.txtUserID.Focus();
        return;
    }
    strConnString = "Data Source = " + strDBName + ";User id = " + strUserID + ";password = " +
    strPWD;
    OracleConnection conn = new OracleConnection();
    conn.ConnectionString = strConnString;
    try
    {
        conn.Open();
    }
    catch(System.Data.OracleClient.OracleException oracleE)
    {
        MessageBox.Show(oracleE.Message,"连接提示",MessageBoxButtons.OK ,MessageBoxIcon.In-
        formation );
        return;
    }
    MessageBox.Show("成功登录数据库!","连接提示",MessageBoxButtons.OK ,MessageBoxIcon.In-
    formation );
}
```

5. 实验小结

通过本实验,熟悉和掌握如何使用 ADO. NET 连接常见数据源的操作方法,学会编写数据库连接字符串,并对连接字符串的参数含义有更进一步的掌握。

第3章 命令执行者 Command 与 数据读取器 DataReader

1. 实验目的

通过本实验,掌握对 SQL Server 数据库进行数据的常规操作。

2. 实验环境

- Windows 7。
- Microsoft Visual Studio 2010。
- Microsoft SQL Server 2008。

3. 实验内容

- 使用 ADO. NET 进行数据录入、显示。
- 使用 ADO. NET 进行数据添加。
- 使用 ADO. NET 进行数据删除。

4. 实验操作步骤

1) 启动 Microsoft Visual Studio 2010。在【文件】菜单中,指向【新建】,再单击【项目】,新建 C♯ 应用程序项目。

2) 引入命名空间:

```
Using System.Data.SqlClient;
```

3) 在窗体上设置控件,如图 3－1 所示。

图 3－1

4）设置控件的属性值，见表 3-1。

表 3-1

控件类别	控件属性	属性值
文本框 1	Name	txtXH
	Text	空
文本框 2	Name	txtXM
	Text	空
文本框 3	Name	txtCJ
	Text	空
命令按钮 1	Name	btnList
	Text	显示(&L)
命令按钮 2	Name	btnAdd
	Text	添加(&A)
命令按钮 3	Name	btnDelete
	text	删除(&D)
命令按钮 4	Name	btnCreateTable
	Text	建表(&C)
命令按钮 5	Name	btnQuit
	text	退出(&Q)
列表框 1	Name	ListBoxXH
列表框 2	Name	ListBoxXM
列表框 3	Name	LixtBoxCJ

5）添加事件代码：

窗体初始化代码：

```
private void Form1_Load(object sender, System.EventArgs e)
{
    this.MaximizeBox = false;
    this.CenterToScreen();
    this.Text = "实验 3　连接环境下数据的操作";
}
```

【退出】按钮代码：

```
private void btnQuit_Click(object sender, System.EventArgs e)
{
    this.Close();
}
```

【显示】按钮代码：

```
private void btnList_Click(object sender, System.EventArgs e)
```

```
        {
            this.listBoxCJ.Items.Clear();
            this.listBoxXH.Items.Clear();
            this.listBoxXM.Items.Clear();
            SqlConnection conn = new SqlConnection();
            string strConn;
            strConn = "initial catalog = northwind;data source = zs;integrated security = true";
            conn.ConnectionString = strConn;
        try
        {
                conn.Open();
                SqlCommand cmd = new SqlCommand();
                cmd.Connection = conn;
                cmd.CommandText = "SELECT xh AS  学号,XM AS  姓名,CJ AS  成绩 FROM STU";
                SqlDataReader dr;
                dr = cmd.ExecuteReader();
                while (dr.Read())
                {
                    this.listBoxXH.Items.Add(dr.GetString(0));
                    this.listBoxXM.Items.Add(dr.GetString(1));
                    this.listBoxCJ.Items.Add(dr.GetValue(2).ToString());
                }
        }
        catch(Exception sqlE)
        {
            MessageBox.Show(sqlE.Message,"错误提示",MessageBoxButtons.OK,MessageBoxIcon.Infor-
            mation);
        }
        finally
        {
            conn.Close();
        }
    }
```

【建表】按钮代码：

```
private void btnCreateTable_Click(object sender, System.EventArgs e)
{
    SqlConnection conn = new SqlConnection();
    string strConn;
    strConn = "initial catalog = northwind;data source = zs;integrated security = true";
    conn.ConnectionString = strConn;
    conn.Open();
    SqlCommand cmd = new SqlCommand();
    cmd.Connection = conn;
    string strCreateTable;
```

```
strCreateTable = "CREATE TABLE stu(XH CHAR(10),XM VARCHAR(20),CJ INTEGER)";
cmd.CommandText = strCreateTable;
try
{
    cmd.ExecuteNonQuery();
}
catch(SqlException sqlE)
{
    MessageBox.Show(sqlE.Message,"错误提示",MessageBoxButtons.OK,MessageBoxIcon.Information);
}
finally
{
    conn.Close();
}
}
```

【删除】按钮代码：

```
private void btnDelete_Click(object sender, System.EventArgs e)
{
    string strXH;
    strXH = this.txtXH.Text.Trim();
    if (strXH.Length == 0)
    {
        MessageBox.Show("学号输入不能为空!","输入提示",MessageBoxButtons.OK,MessageBoxIcon.Information);
        this.txtXH.Focus();
        return;
    }
    SqlConnection conn = new SqlConnection();
    try
    {
        string strConn;
        strConn = "initial catalog = northwind;data source = zs;integrated security = true";
        conn.ConnectionString = strConn;
        conn.Open();
        SqlCommand cmd = new SqlCommand();
        cmd.Connection = conn;
        string strDeleteData;
        strDeleteData = "DELETE FROM STU WHERE XH = '" + strXH + "'";
        cmd.CommandText = strDeleteData;
        int i = cmd.ExecuteNonQuery();
        MessageBox.Show( i + " 条记录被删除!","删除提示",MessageBoxButtons.OK,MessageBoxIcon.Information);
    }
    catch(SqlException sqlE)
```

```
        {
            MessageBox.Show(sqlE.Message,"错误提示",MessageBoxButtons.OK,MessageBoxIcon.Infor-
            mation);
        }
        catch(System.Exception   NormalE)
        {
            MessageBox.Show(NormalE.Message,"错误提示",MessageBoxButtons.OK,MessageBoxIcon.In-
            formation);
        }
        finally
        {
            conn.Close();
        }
}
```

【添加】按钮代码:

```
private void btnAdd_Click(object sender, System.EventArgs e)
{
    string strXM;
    string strXH;
    int intCJ;
    SqlConnection conn = new SqlConnection();
    try
    {
        strXM = this.txtXM.Text.Trim();
        strXH = this.txtXH.Text.Trim();
        intCJ = Convert.ToInt16(this.txtCJ.Text.Trim());
        string strConn;
        strConn = "initial catalog = northwind;data source = zs;integrated security = true";
        conn.ConnectionString = strConn;
        conn.Open();
        SqlCommand cmd = new SqlCommand();
        cmd.Connection = conn;
        string strInsertData;
        strInsertData = "INSERT INTO STU VALUES('" + strXH + "','" + strXM + "'," + intCJ + ")";
        cmd.CommandText = strInsertData;
        cmd.ExecuteNonQuery();
    }
    catch(SqlException sqlE)
    {
        MessageBox.Show(sqlE.Message,"错误提示",MessageBoxButtons.OK,MessageBoxIcon.Infor-
        mation);
    }
    catch(System.Exception   NormalE)
    {
```

```
        MessageBox.Show(NormalE.Message,"错误提示",MessageBoxButtons.OK,MessageBoxIcon.In-
        formation);
    }
finally
    {
        conn.Close();
    }
}
```

5. 实验小结

　　通过本实验,掌握如何使用 ADO.NET 输入、显示、修改、删除等常见数据操作,熟练使用 SQL 查询语句,能够对常见的数据访问异常进行调试。

第 4 章　数据搬运工 DataAdapter 与临时数据仓库 DataSet

1. 实验目的

通过本实验,掌握数据适配器的配置操作,使用数据适配器填充、更新数据集的方法。

2. 实验环境

- Windows 7。
- Microsoft Visual Studio 2010。
- Microsoft SQL Server 2008。

3. 实验内容

- 创建一个 SQL Server 数据提供程序的数据适配器。
- 配置数据适配器,连接到 Northwind 数据库。
- 从该数据适配器生成数据集。
- 使用数据适配器完成填充和更新操作。

4. 实验操作步骤

1) 启动 Microsoft Visual Studio 2010。在【文件】菜单中,指向【新建】,再单击【项目】,新建 C♯应用程序项目,如图 4 - 1 所示。

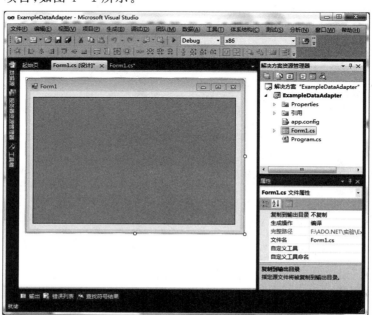

图 4 - 1

2）选中 FrmMain 中的 DataGridView，单击 DataGridView 右上角的小三角，在【选择数据源】中单击【添加项目数据源】，如图 4-2 所示。

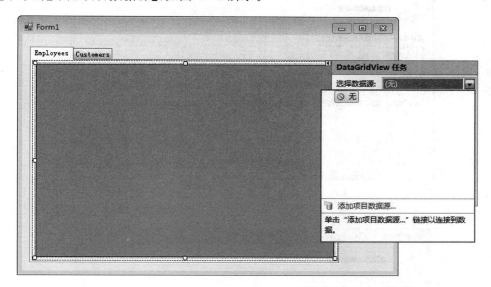

图 4-2

3）在【数据源配置向导】的【选择数据源类型】界面中选择【数据库】，如图 4-3 所示，然后单击【下一步】按钮。

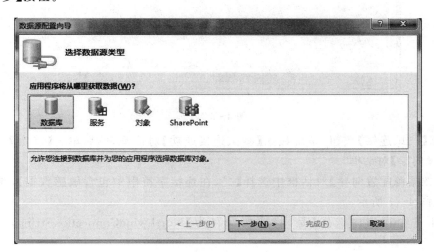

图 4-3

4）在【数据源配置向导】的【选择数据库模型】界面中选择【数据集】，如图 4-4 所示，然后单击【下一步】按钮。

5）在【数据源配置向导】的【选择您的数据连接】界面中单击【新建连接】按钮，如图 4-5 所示。

6）在【添加连接】对话框中，输入【服务器名】为 .\sql2008，选择【使用 SQL Server 身份验证】，输入用户名和密码，并选择【Northwind】数据库，如图 4-6 所示。

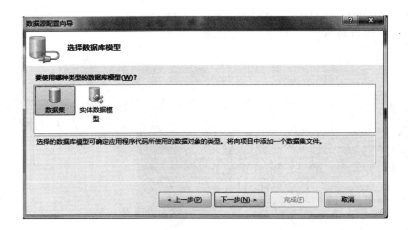

图 4 - 4

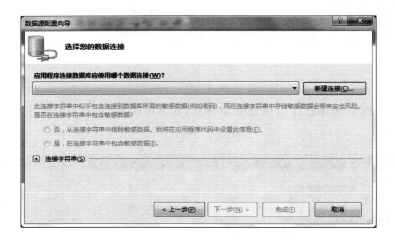

图 4 - 5

7) 单击【测试连接】按钮,系统显示【测试连接成功】对话框,然后单击【确定】按钮,返回【数据源配置向导】对话框。

8) 在【数据源配置向导】对话框中选择【是,在连接字符串中包含敏感数据】,单击【下一步】按钮,如图 4 - 7 所示。

9) 在下一个窗口中选择【是,将连接保存为】NorthwindConnectionString,如图 4 - 8 所示。

10) 在【数据源配置向导】的【选择数据库对象】界面中选择【Employees】表,下部的【Data-Set 名称】文本框出现默认的 NorthwindDataSet,如图 4 - 9 所示,然后单击【完成】按钮。

11) 数据源配置过程完成,返回 Microsoft Visual Studio 2010 编辑器,在窗体下部创建了 northwindDataSet、employeesBindingSource 和 employeesTableAdapter 3 个对象,并且 Data-GridView 中也出现了所配置数据表中的列,其中 employeesTableAdapter 就是创建好的数据适配器,如图 4 - 10 所示。

12) 按 F5 键,结果如图 4 - 11 所示。

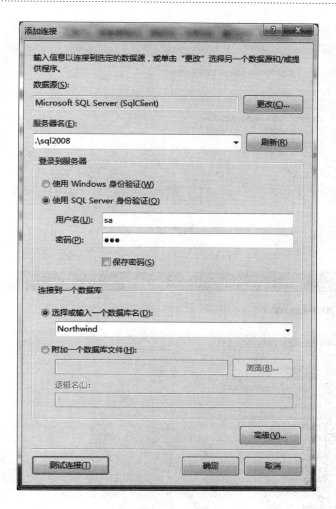

图 4 - 6

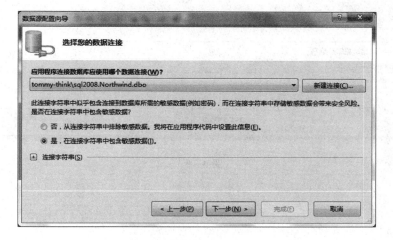

图 4 - 7

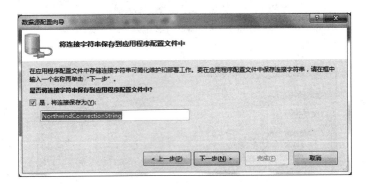

图 4 - 8

图 4 - 9

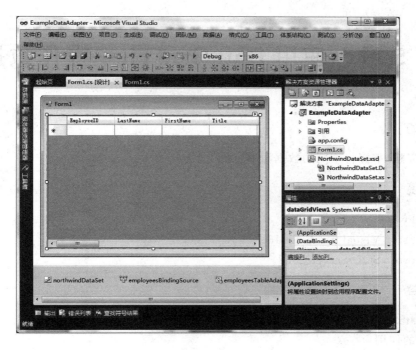

图 4 – 10

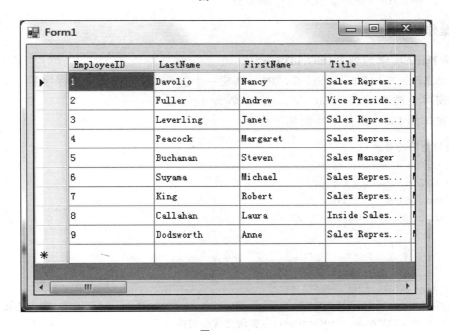

图 4 – 11

5. 实验小结

通过本实验,掌握数据适配器的配置操作和使用数据适配器填充、更新数据集的方法。

第 5 章 使用 DataGridView 操作数据

1. 实验目的

通过本实验，掌握将不同的数据源绑定到 DataGridView。

2. 实验环境

- Windows 7。
- Microsoft Visual Studio 2010。
- Microsoft SQL Server 2008。

3. 实验内容

- 将 DataSet 绑定到 DataGridView。
- 集合的使用。
- 使用 DataGridView 显示集合中的数据。

4. 实验操作步骤

(1) 将 DataSet 绑定到 DataGridView

1）启动 Microsoft Visual Studio 2010，新建一个【Windows 窗体应用程序】。

2）在窗体上放置一个 DataGridView，命名为 dgvCustomers。

3）在窗体的 Load 事件中添加如下代码：

```
//创建要使用的对象
string strCon = string.Empty;
string strSql = string.Empty;
SqlConnection con = null;
SqlDataAdapter da = null;
DataSet ds = null;

try
{
    strCon = "server = .\\sql2008;integrated security = SSPI;database = northwind";//连接字符串
    con = new SqlConnection(strCon);//实例化数据连接
    strSql = "SELECT * FROM Customers";
    da = new SqlDataAdapter(strSql, con);//实例化 SqlDataAdapter 对象
    ds = new DataSet();
da.Fill(ds,"Customers");//利用 SqlDataAdapter 的 Fill 方法填充数据集
//将 DataSet 中的第"1"张表取出赋予 DataGridView 的数据源上,也可将这两句代码改为:
//da.Fill(ds,0);
```

```
//dgvEmployees.DataSource = ds.Tables[0];
//这两句表示 SqlDataAdapter 在填充 DataSet 时赋予了表名"dtCustomers",因此在
//访问 DataSet 中的表时可以采用"dtCustomers"
    dgvCustomers.DataSource = ds.Tables[0];
}
catch (Exception ex)
{
    MessageBox.Show(ex.Message);
}
finally
{    //如果连接不为空并且为打开状态,就关闭它
    if (con != null && con.State == ConnectionState.Open)
        con.Close();
}
```

4）按 F5 键运行程序,读出的数据显示在了 DataGridView 中,如图 5-1 所示。

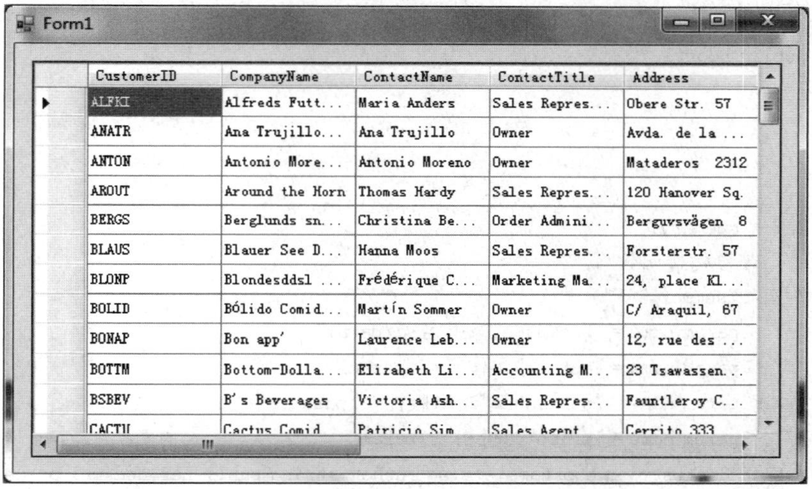

图 5-1

（2）使用 DataGridView 显示集合中的数据

1）打开 Microsoft Visual Studio 2010,新建一个【Windows 窗体应用程序】。

2）在窗体上放置一个 DataGridView,命名为 dgvBooks。

3）在项目中添加一个类,命名为 Book,并添加 4 个属性和 2 个构造函数,代码如下:

```
class Book
{
    /// <summary>
    /// 书名
    /// </summary>
    public string BookName { get; set; }

    /// <summary>
```

```
/// 作者
/// </summary>
public string Author { get; set; }

/// <summary>
/// 出版社
/// </summary>
public string Publisher { get; set; }

/// <summary>
/// 价格
/// </summary>
public decimal Price { get; set; }

/// <summary>
/// 无参构造函数
/// </summary>
public Book()
{

}

/// <summary>
/// 带参构造函数
/// </summary>
/// <param name = "bookName">书名</param>
/// <param name = "author">作者</param>
/// <param name = "publisher">出版社</param>
/// <param name = "price">价格</param>
public Book(string bookName,string author,string publisher,decimal price)
{
    this.BookName = bookName;
    this.Author = author;
    this.Publisher = publisher;
    this.Price = price;
}
}
```

4）在 Form1 类的 Load 事件前声明一个泛型集合对象：

```
IList<Book> Books  = new List<Book>();
```

注意：因为 List 类是实现了 IList 接口的，因此可以这样声明。

5）在 Form1 类中添加一个方法 InitData：

```
private void InitData()
{
```

```
//创建 4 本书籍对象
Book b1 = new Book("天龙八部","金庸","广州出版社",25);
Book b2 = new Book("C 程序设计","谭浩强","清华大学出版社",30);
Book b3 = new Book("假装的艺术","姚舒娜","南方出版社",23);
Book b4 = new Book("数据挖掘:概念与技术","韩家炜,Micheline","机械工业出版社",39);

//将学员加入 MyStudents 集合中
Books.Add(b1);
Books.Add(b2);
Books.Add(b3);
Books.Add(b4);
}
```

6) 切换到 Form1 窗体的设计界面,单击 DataGridView 右上角的小三角,选择【编辑列】,如图 5 - 2 所示。

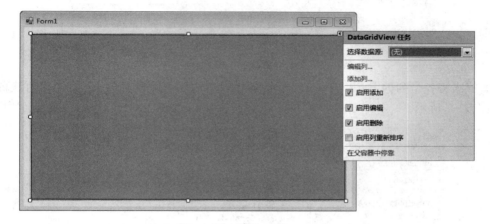

图 5 - 2

7) 在【编辑列】窗口中单击【添加列】,输入列名和页眉文本,类型就使用默认的 DataGrid-ViewTextBoxColumn,单击【添加】按钮,如图 5 - 3 所示。

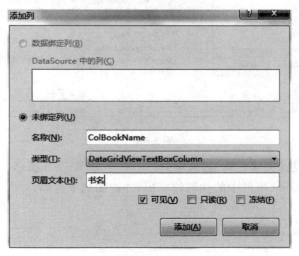

图 5 - 3

8）再依次添加作者、出版社、价格 3 列，添加完成后如图 5-4 所示。

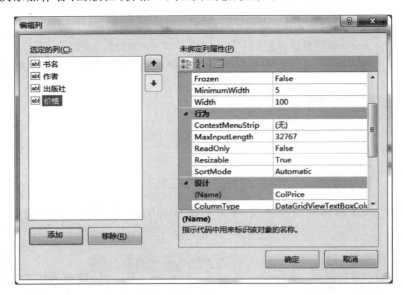

图 5-4

9）依次将各个列的 DataPropertyName 属性设置为刚才创建好的 Book 类中对应的属性名，如图 5-5 所示。

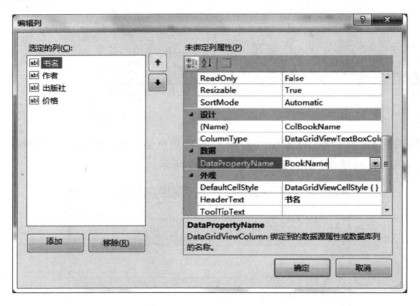

图 5-5

10）所有列全部设置完成后单击【确定】按钮，结果如图 5-6 所示。

11）将原来窗体 Load 事件中的代码注释掉，并添加如下代码：

```
InitData();
dgvBooks.DataSource = Books;
```

12）按 F5 键运行程序,结果如图 5 - 7 所示。

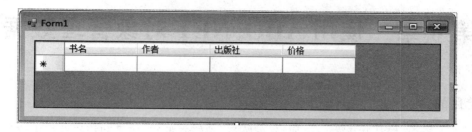

图 5 - 6

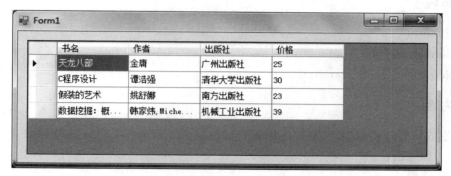

图 5 - 7

5. 实验小结

通过本实验,掌握将不同的数据源绑定到 DataGridView 上的方法。

第 6 章　使用 ADO. NET 对象管理数据

1. 实验目的

通过本实验,掌握从数据表中添加行、删除行,编辑数据行,接受和拒绝数据更改等操作。

2. 实验环境

- Windows 7。
- Microsoft Visual Studio 2010。
- Microsoft SQL Server 2008。

3. 实验内容

在学生成绩管理系统中,实现以下课程管理模块:
- 添加新课程。
- 编辑课程。
- 删除课程。
- 接受更改。
- 拒绝更改。

4. 实验操作步骤

1) 启动 Microsoft Visual Studio 2010。在【文件】菜单中,指向【打开】,再单击【项目】,选择本实验所提供的示例文件所在目录,打开解决方案。向窗体中添加控件,如图 6-1 所示。各控件名称、属性、值如表 6-1 所列。

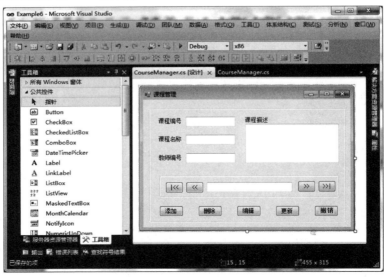

图 6-1

表 6 - 1

名　称	属　性	值
Form1	Name	CourseManager
	Text	课程管理
Label1	Name	lblcouId
	Text	课程编号
Label2	Name	lblcouName
	Text	课程名称
Label3	Name	lblteaId
	Text	教师编号
Label4	Name	Lbldesc
	Text	课程描述
TextBox1	Name	txtcouId
	Text	""
TextBox2	Name	txtcouName
	Text	""
TextBox3	Name	txtteaId
	Text	""
TextBox4	Name	Txtdesc
	Text	""
TetxtBox5	Multiline	True
	Name	txtPosition
	Text	""
Button1	Name	btn_Add
	Text	添加
Button2	Name	btn_Delete
	Text	删除
Button3	Name	btn_Edit
	Text	编辑
Button4	Name	btn_Update
	Text	更新
Button5	Name	btn_Reject
	Text	撤销
Button6	Name	btnMoveFirst
	Text	|<<
Button7	Name	btnMovePrevious
	Text	<<

续表 6 - 1

名 称	属 性	值
Button8	Name	btnMoveNext
	Text	>>
Button9	Name	btnMoveLast
	Text	>>|
GroupBox1	Name	grp1
	Text	""
GroupBox2	Name	grp2
	Text	""

2) 创建数据连接对象,代码如下:

```
string strCon = "server = .\\sql2008;integrated security = SSPI;database = MyCourse";
SqlConnection con = new SqlConnection(strCon);
```

3) 创建数据适配器对象,代码如下:

```
SqlDataAdapter da = new SqlDataAdapter("select * from Course", con);
```

4) 创建数据集对象,代码如下:

```
DataSet dsCourse = new DataSet();
```

5) 双击"CourseManager. cs",双击【添加】按钮,切换到代码设计器窗口,在 btn_Add_Click 事件中,添加以下代码:

```
DataRow drNewCourse = this.dsCourse.course.NewRow();
drNewCourse["cou_id"] = this.txtCouid. Text;
drNewCourse["cou_name"] = this.txtcouName. Text;
drNewCourse["teacher_id"] = this.txtteaid. Text ;
drNewCourse["describe"] = this.txtdesc. Text ;
this.dsCourse.course. Rows. Add(drNewCourse);
```

6) 在窗体设计器中双击【删除】按钮,切换到代码设计器,并在 btn_Delete_Click 事件中添加以下代码:

```
DataRow drCurrentRow;
drCurrentRow = GetRow();
drCurrentRow. Delete();
this.BindingContext[this.dsCourse,"Course"]. Position + = 1;
```

其中 GetRow 过程为获得当前行,代码如下:

```
System. Windows. Forms. BindingManagerBase bm;
DataRowView drv;
bm = this. BindingContext[this.dsCourse,"Course"];
drv = (System. Data. DataRowView) bm. Current;
return drv. Row;
```

7）在窗体设计器中双击【编辑】按钮，切换到代码设计器中，并在 btn_Edit_Click 事件中添加以下代码：

```
DataRow drCurrentRow;
drCurrentRow = GetRow();
drCurrentRow["cou_id"] = this.txtCouid.Text;
drCurrentRow["cou_name"] = this.txtcouName.Text;
drCurrentRow["teacher_id"] = this.txtteaid.Text;
drCurrentRow["describe"] = this.txtdesc.Text;
```

8）在窗体设计器中双击【更新】按钮，切换到代码设计器，在 btn_Update_Click 事件中添加以下代码：

```
this.daCourse.Update(this.dsCourse,"course");
```

9）在窗体设计器中双击【撤销】按钮，切换到代码设计器，在 btn_Reject_Click 事件中添加以下代码：

```
this.dsCourse.RejectChanges();
```

10）在【生成】菜单上，单击【重新生成解决方案】命令，修改所发现的所有错误。

11）在【调试】菜单上，单击【启动】或按 F5 键运行该项目。

12）在窗体中添加一条新纪录，单击【添加】按钮（如图 6 - 2 所示），并单击【更新】按钮（如图 6 - 3 所示），利用导航按钮转到最后一条记录，发现新增加的纪录（如图 6 - 4 所示）。

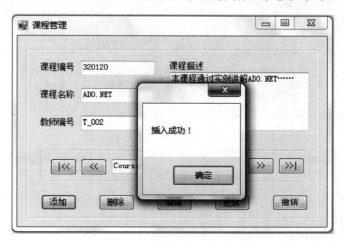

图 6 - 2

13）修改窗体上的课程记录，并按【编辑】按钮（如图 6 - 5 所示），利用导航按钮重新转到所修改的纪录，单击【撤销】按钮，记录修改撤销（如图 6 - 6 所示）。

14）关闭应用程序。

5. 实验小结

通过本实验，学习如何使用 ADO. NET 对象管理数据，掌握如何使用断开式数据访问技术对数据表的操作，添加、编辑和删除纪录，使用 AcceptChanges 方法接受数据更改并保存到数据集和使用 RejectChanges 方法拒绝数据操作。

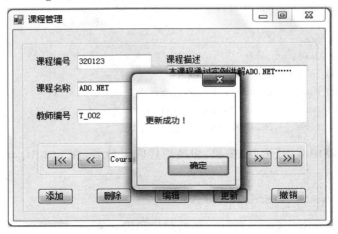

图 6 - 3

图 6 - 4

图 6 - 5

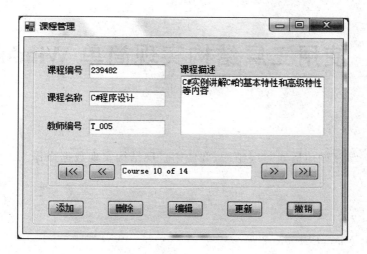

图 6 – 6

第7章 使用三层结构实现简单 Windows 应用

1. 实验目的

通过本实验,掌握如何搭建三层结构,并使用三层结构实现数据操作。

2. 实验环境

- Windows 7。
- Microsoft Visual Studio 2010。
- Microsoft SQL Server 2008。

3. 实验内容

- 建立职工数据库 ZG. mdb,该数据库包括"职工基本信息"表和"工资表",结构如下:
职工基本信息＝{职工编号,姓名,性别,出生日期,职称,部门}
工资表＝{职工编号,基本工资,奖金,房租,水电费,月份}
工资总额＝基本工资＋奖金
实发工资＝基本工资＋奖金－房租－水电费
- 设计数据窗体,用于编辑职工基本信息。
- 设计数据窗体,用于编辑职工工资信息。
- 设计数据窗体,根据职工编号,查询职工工资信息。

4. 实验操作步骤

1) 在 MS SQL Server 2008 中建立数据库,命名为 ZG. mdb。

2) 按照以下脚本文件建立表:职工基本信息 ZGJBXX。

```
CREATE TABLE [ZGJBXX] (
    [zgbh] [char] (10) NOT NULL ,   //职工编号
    [xm] [char] (20) NULL ,      //姓名
    [xb] [char] (2) NULL ,       //性别
    [csrq] [datetime] NULL ,     //出生日期
    [zc] [char] (16) NULL,       //职称
    [bm] [char](30) NULL         //部门
)
ALTER TABLE [dbo]. [ZGJBXX] WITH NOCHECK ADD
    CONSTRAINT [PK_GZJBXX] PRIMARY KEY   CLUSTERED
    (
        [zgbh]
    )  ON [PRIMARY]
```

3）启动 Microsoft Visual Studio 2010。创建一个三层结构的项目，并添加相应的引用关系。创建完成后项目结构如图 7 - 1 所示。

4）在表示层的 FrmAddEmp 窗体中添加如下控件，并按照规范分别对控件进行命名，如图 7 - 2 所示。

图 7 - 1   图 7 - 2

5）添加窗体 FrmEmpInfo，并添加如图 7 - 3 所示的控件。

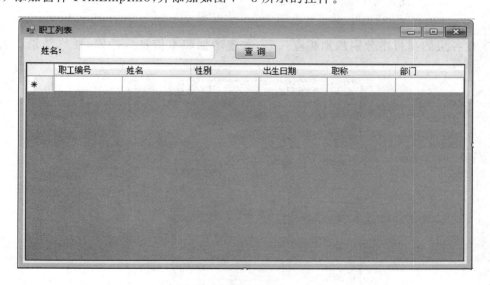

图 7 - 3

6）在实体类项目中创建 EmpInfo 类，代码如下：

```
public class EmpInfo
{
```

```
/// <summary>
/// 职工编号
/// </summary>
public string EmpNo { get; set; }
/// <summary>
/// 姓名
/// </summary>
public string EmpName { get; set; }
/// <summary>
/// 性别
/// </summary>
public string Sex { get; set; }
/// <summary>
/// 出生日期
/// </summary>
public DateTime Birthday { get; set; }
/// <summary>
/// 职称
/// </summary>
public string Title { get; set; }
/// <summary>
/// 部门
/// </summary>
public string Department { get; set; }
}
```

7) 在各层的项目中分别添加相应代码,实现增加职工信息的功能,最终结果如图 7 - 4 所示。

图 7 - 4

提示：使用 SqlCommand 的 ExecuteNonQuery 方法实现添加。

8）在窗体的 Load 事件中实现读取职工信息的功能，如图 7-5 所示。

图 7-5

提示：使用 SqlDataReader 循环读取数据，每读取一条记录，将数据放入一个 EmpInfo 对象中，然后将该对象放入一个 List＜EmpInfo＞集合，最后返回该集合。

思考：对实验项目增加以下内容：

1）在职工列表窗体中，输入姓名，单击【查询】按钮查出符合条件的职工。

2）在职工列表窗体中，实现修改职工信息的功能。

5. 实验小结

通过本实验，掌握如何搭建三层结构的应用程序，并使用三层结构实现数据操作。

第8章 三层进阶之企业级 Web 应用开发

1. 实验目的

通过本实验,学习抽象工厂设计模式在项目中的使用,并掌握在 Web 窗体中如何实现数据的绑定,掌握 GridView 控件在 Web 中的应用。

2. 实验环境

- Windows 7。
- Microsoft Visual Studio 2010。
- Microsoft SQL Server 2008。

3. 实验内容

- 搭建抽象工厂设计模式,用于切换不同的数据库。
- 设计 Web 窗体,用于展示职工的基本信息。

4. 实验操作步骤

1）启动 Microsoft Visual Studio 2010,单击【新建项目】,选择【其他项目类型】→【Visual Studio 解决方案】中的【空白解决方案】,命名为 MyEmployee,单击【确定】按钮。

2）在该解决方案中新建网站项目 Web,再依次添加业务层、数据访问层、实体、接口和工厂,建成后的结果如图 8-1 所示。

3）添加各项目之间的引用关系,如图 8-2 所示。

图 8-1

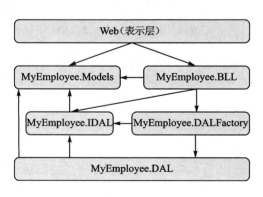

图 8-2

4）创建一个第 7 章中描述的 Access 数据库,如图 8-3 所示。

5）创建抽象工厂,其核心代码如下:

ZGJBXX

字段名称	数据类型	
zgbh	文本	职工编号
xm	文本	姓名
xb	文本	性别
csrq	日期/时间	出生日期
zc	文本	职称
bm	文本	部门

图 8 - 3

```
public abstract class AbstractDALFactory
{
    public static AbstractDALFactory CreateFactory()
    {

        string dbType = ConfigurationManager.AppSettings["DBType"].ToString();
        AbstractDALFactory factory = null;
        switch (dbType)
        {
            case "SqlServer":
                factory = new SqlDALFactory();
                break;
            case "Access":
                factory = new AccessDALFactory();
                break;
        }
        return factory;
    }
    //数据访问对象创建接口(抽象工厂提供抽象产品)
    public abstract IBookService CreateBookService();
}
```

6）打开 Web 项目中的 Default.aspx 页面，切换到【代码】视图，加入一个 GridView，并设置相关列，代码如下：

```
<asp:GridView ID = "gvBooks" runat = "server" AutoGenerateColumns = "False">
    <Columns>
        <asp:BoundField DataField = "zgbh" ItemStyle - Width = "15 % " HeaderText = "职工编
        号" />
        <asp:BoundField DataField = "xm" ItemStyle - Width = "20 % " HeaderText = "姓名" />
        <asp:BoundField DataField = "xb" ItemStyle - Width = "10 % " HeaderText = "性别" />
        <asp:BoundField DataField = "csrq" ItemStyle - Width = "20 % " DataFormatString = "
        {0:yyyy - MM - dd}" HeaderText = "出生日期" />
        <asp:BoundField DataField = "zc" ItemStyle - Width = "20 % " HeaderText = "职称" />
        <asp:BoundField DataField = "bm" ItemStyle - Width = "15 % " HeaderText = "部门" />
    </Columns>
</asp:GridView>
```

7）使用抽象工厂模式分别加载来自不同数据库中的数据。

思考:对本实验增加如下内容:启用 GridView 的编辑列、删除列,并使用三层结构和工厂模式分别实现编辑、删除功能。

5. 实验小结

通过本实验,掌握使用三层结构和工厂模式在 Web 窗体中如何实现数据的绑定,掌握 GridView 控件在 Web 中的应用,掌握如何在 Web 窗体中对数据的编辑。

第 9 章   使用 ADO. NET 读取和写入 XML

1. 实验目的

通过以下 3 个实验,将学会在 ADO. NET 中使用 XML 数据:

● 学会使用 XmlReader 和 XmlWriter 读写 XML 文件。

● 学会使用 ADO. NET 读写 XML 文件。

2. 实验环境

● Windows 7。

● Microsoft Visual Studio 2010。

● Microsoft SQL Server 2008。

3. 实验内容

● 读取 Books. xml 文件的结构,并在窗体上显示出来。

● 在窗体中,利用 ReadXml 方法将 XML 文档的数据读入到窗体 DataSet 中,利用 WriteXml方法将窗体 DataSet 的数据写入到 XML 文件中。

4. 实验操作步骤

(1) 使用 XmlReader 读取 Books. xml 文件的结构

1) 启动 Microsoft Visual Studio 2010,在【文件】菜单中,指向【新建】,再单击【项目】,在弹出窗口中的【名称】文本框中输入项目的名称"ReadBooks",从位置处选择项目存储的路径,然后单击【确定】按钮。

2) 在项目中添加一个 XML 文件,命名为 Books. xml。

3) 在 Books. xml 中添加如下内容:

```
<Books>
    <Book BookName = "《C#高级编程》" Author = "Jack" Price = "58"></Book>
    <Book BookName = "《SQL Server 性能优化》" Author = "Tommy" Price = "60"></Book>
    <Book BookName = "《设计模式》" Author = "Kitty" Price = "35"></Book>
</Books>
```

4) 在 Form1 的窗体上添加一个 ListBox,命名为 lstBooks。

5) 为实现 Book. xml 文件的读取,在窗体的 Load 事件中添加如下代码:

```
StringBuilder sb = null;
//创建 XmlReader 对象
XmlReader xReader = XmlReader.Create("../../Books.xml");
//移动到内容节点开始读取
```

```
xReader.MoveToContent();
while (xReader.Read())
{
    sb = new StringBuilder();
    switch (xReader.NodeType)
    {
        case XmlNodeType.Element：
            //读取内容节点中的两个属性,并拼接起来放入 StringBuilder
            sb.Append(xReader[0] + "\t" + xReader[1]);
            //向 ListBox 中添加项
            lstBooks.Items.Add(sb.ToString());
            break;
        default：
            break;
    }
}
```

6) 按 F5 键运行程序,结果如图 9 - 1 所示。

图 9 - 1

(2) 使用 ADO.NET 技术读写 XML 文件

现有 XML 文件 course.xml,内容如下：

```
<courses>
  <course>
    <cou_id>c1</cou_id>
    <cou_name>计算机文化基础</cou_name>
    <teacher_id>t10</teacher_id>
    <cou_hour>60</cou_hour>
    <describe>实验 30</describe>
  </course>
  <course>
    <cou_id>c2</cou_id>
    <cou_name>数据结构</cou_name>
    <teacher_id>t12</teacher_id>
    <cou_hour>60</cou_hour>
    <describe>实验 20</describe>
  </course>
```

```
<course>
  <cou_id>c3</cou_id>
  <cou_name>高等数学</cou_name>
  <teacher_id>t01</teacher_id>
  <cou_hour>120</cou_hour>
</course>
</courses>
```

1) 在【解决方案资源管理器】中,添加新的窗体 Form2. cs,并添加一个 DataGridView 控件、两个按钮控件,设置相关属性,界面如图 9 - 2 所示。

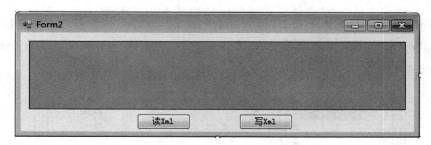

图 9 - 2

2) 在 Form2. cs 的代码视图中,添加私有变量如下:

```
private DataSet myDS = new DataSet();
```

3) 在 Form2. cs 的设计视图中,双击【读 Xml】按钮,打开代码视图中的 button1_click 方法。在该方法中添加代码实现:利用 ReadXml 方法,实现将 XML 数据读入到 DataSet,并且绑定到界面的 DataGridView 控件中去。参考代码如下:

```
private void button1_Click(object sender, System.EventArgs e)
{
    try
    {
        myDS.ReadXml("../../course.xml", XmlReadMode.Auto);
        dataGridView1.DataSource = myDS.Tables["curses"];
        dataGridView1.DataSource = myDS.Tables[0];
    }
    catch (Exception ex)
    {
        Console.WriteLine("Exception:" + ex.ToString());
    }
}
```

4) 在 Form2. cs 的设计视图中,双击【写 Xml】按钮,打开代码视图中的 button2_click 方法。在该方法中添加代码实现:利用 WriteXml 方法,实现将 DataSet 中的数据写到文件 cources2. xml 中。参考代码如下:

```
private void button2_Click(object sender, System.EventArgs e)
```

```
    {
        try
        {
            myDS.WriteXml("../../cource2.xml", XmlWriteMode.IgnoreSchema);
        }
        catch(Exception ex)
        {
            Console.WriteLine("Exception:" + ex.ToString());
        }
    }
}
```

5)运行程序,然后在窗体中单击【读 Xml】按钮,结果如图 9-3 所示。单击【写 Xml】按钮,然后在工程文件夹下发现创建了 course2.xml 文件,内容跟 course.xml 文件一致。

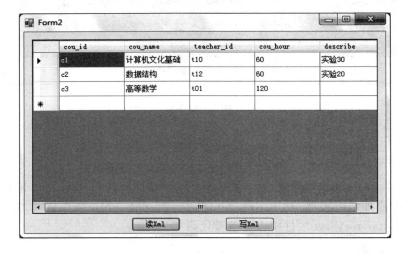

图 9-3

思考:对本实验增加如下内容:使用 XmlWriter 向 Book.xml 文件中写入一本书的信息,书名为《数据结构详解》,作者为 Jone,价格为 39。

5. 实验小结

通过本实验,学会使用 XmlReader 和 XmlWriter 读写 XML 文件,使用 DataSet 读写 XML 数据等操作,从而更加深入地掌握在 ADO.NET 中如何使用 XML。

参考文献

[1] 微软公司. 数据库访问技术——ADO. NET 程序设计[M]. 北京:高等教育出版社,2004.

[2] 微软公司. 面向. NET 的 Web 应用程序设计[M]. 北京:高等教育出版社,2004.

[3] 李高健. ADO. NET 程序设计[M]. 北京:清华大学出版社,2003.

[4] Sceppa D. ADO. NET 技术内幕[M]. 北京:清华大学出版社,2003.

[5] Rohilla S et al. ADO. NET 专业项目实例开发[M]. 北京:中国水利水电出版社,2003.

[6] 柴晟. ADO. NET 数据库访问技术案例式教程[M]. 北京:北航出版社,2006.

[7] 内格尔. C♯ 2005 &. NET 3.0 高级编程[M]. 李铭,译. 5 版. 北京:清华大学出版社,2007.

[8] 程杰. 大话设计模式[M]. 北京:清华大学出版社,2007.